絕讚人物插畫繪製

Character Illust Coloring

動畫風、厚塗、水彩風等
主要上色技法大公開

riresu 著 / 羅淑慧 譯

博碩文化

U0086653

前言

關於本書所使用的 Photoshop

本書使用了編寫當時最新版本的 Windows 版 Photoshop CC 2015 來進行解說。Photoshop CC2015 版本升級時，或是使用其他版本時，可能會有畫面、操作、工具名稱或選單名稱等不同之處。另外，關於書中所介紹的部分功能，舊版本也會有無法使用的情況。敬請多加注意！

使用 Mac 的讀者

本書的標記是以 Windows 的按鍵為基礎。使用 Mac 的讀者，請參考下列的對照按鍵，Alt ＝ option、Ctrl ＝ command、右鍵 ＝ cntrol ＋點擊（滑鼠有右鍵按鈕時，則是右鍵點擊）。

希望使用「Photoshop」，

試著想要以數位方式繪製插畫，

然而不知道該從何處下手才好。

也打算上網搜尋，

卻不清楚該查些什麼才好。

這本書就是專為那種不知道該如何踏出第一步的人所設計，

目標就是讓大家可以更輕鬆地學會 Photoshop 的繪圖方法。

Photoshop 是除了插畫之外，

同時還可以做出各種應用的便利軟體，

或許是因為太過便利，所以反而更難以踏出第一步。

可是，只要把目標鎖定在「繪圖」上頭，

需要學習的範圍自然就會縮小許多。

雖然我本身的工作也會使用到 Photoshop，

但是，我也未必了解所有的功能。

因此，請不要想太多，試著去學習吧！

riresu

Contents

前言 005

人物介紹 008

Basic of Photoshop

Photoshop 的基本

工作區 012

選單列和選項列 014

工具面板 016

面板 018

繪圖工具的使用方法 020

色彩的基本和使用方法 022

影像的顯示和縮放 024

ANIME PAINTING

Chapter 1　動畫風上色

動畫風上色的特徵 026

繪製線稿時的筆刷準備 027

圖層的基本 028

圖層面板的功能 029

架構製作的基本 030

透視的取決方法 031

Section 1　架構製作 032

Section 2　草稿製作 034

Section 3　線稿製作 038

Section 4　上色 042

Section 5　完稿 051

COLUMN　光源的設定 062

THICK PAINTING

Chapter 2　厚塗上色

厚塗上色的特徵 064

繪製底稿時的筆刷準備 065

架構製作的基本 066

參考線製作的基本 067

Section 1　架構製作 068

Section 2　底稿製作 070

Section 3　線稿製作 074

Section 4　上色 082

Section 5　完稿 093

COLUMN　混合模式的種類 090

COLUMN　利用陰影顏色改變印象 092

COLUMN　方便、好用的快速鍵 100

WATERCOLOR PAINTING

Chapter 3　水彩風上色

水彩風上色的特徵 102

調整濾鏡的質感 103

水彩風上色的基本 104

手繪草稿的畫法和注意要點 105

Section 1　掃描草稿 106

Section 2　線稿的加工和匯入 107

Section 3　上色 110

Section 4　上色圖層的加工 114

Section 5　質感的調整 119

濾鏡收藏館 122

快速鍵一覽 126

請從第11頁
開始看喔！！

BICHIKO

美智子
年齡16歲

在校內相當引人矚目的類型

頂著一頭金髮，令乖巧的學生和學妹
心生畏懼的不良少女。雖然是個大企
業的千金小姐，但是卻沒有半點驕傲
的態度，和任何人都可以相處融洽。

**常和不良少年在一起，不過喜歡動
畫和遊戲**

看到同學用電腦繪圖，因而對數位插
畫產生興趣，請爸媽買了一台電腦，
可是卻不知道從何處著手才好。

BICHIKO

BICHIKO 3

BICHIKO 1

Photoshop的基本—工作區

Photoshop具有多到讓人幾乎記不得的功能。把各工具面板的操作、顯示方法,還有名稱記下來,以便讓作業更加順利吧!工作區就像是進行作業的桌子,也可以依照個人喜好自訂工作區。

選單列

使用在進行影像編輯和檔案儲存等等的時候。

工具面板

在此匯集了影像編輯相關的功能。藉由長按圖示,就可以顯示出各功能的相關工具。

文件視窗

顯示出新檔案或影像。開啟多個檔案的時候,可以點擊上方的標籤來進行切換,或是拖曳標籤來使其分離。

選項列

顯示出工具面板中所選工具
的選項設定。
例如，一旦選擇了筆刷，就
能夠進行尺寸和不透明度等
等的設定。選項的內容會依
照所選工具的不同而改變。

請牢記工具的
配置和功能喔！

顏色面板

選擇顏色的面板。預
設是顯示RGB，不過
可以從右上的附屬選
單切換成CMYK等模
式。

調整面板

可進行影像的亮度、
對比、色調的補正等
等。

圖層面板

把影像重疊、分層建
立的功能。藉由圖層
的區分，修正也會更
容易。

Photoshop的基本—選單列和選項列

選單列匯集了許多的功能,當我們要儲存檔案、編輯影像、操作文字或圖層等等的時候,會使用到它。在此要介紹其主要的功能。

選項列可以設定在工具面板中所選的工具。例如,一旦選擇了筆刷,就能夠設定尺寸和不透明度等等的項目。

選單列

| Ps | ❶ 檔案(F) | ❷ 編輯(E) | ❸ 影像(I) | ❹ 圖層(L) | ❺ 文字(Y) | ❻ 選取(S) | ❼ 濾鏡(T) | ❽ 3D(D) | ❾ 檢視(V) | ❿ 視窗(W) | ⓫ 說明(H) |

❶ 檔案
可以儲存或開啟檔案。

❷ 編輯
可以編輯影像、筆刷、Photoshop的基本設定。

❸ 影像
可以改變影像的色彩、角度、尺寸等。

❹ 圖層
可以建立新的圖層,或是編輯圖層。

❺ 文字
可以顯示進行文字詳細編輯的面板,或是利用彎曲文字功能為文字加工。

❻ 選取
可以模糊、放大、反轉透過套索工具或筆型工具所製作的選取範圍。

❼ 濾鏡
可以為影像賦予各種不同的效果。

❽ 3D
可以載入透過3D工具等所製作的模型,並且進行上色。此外,也可以把文字立體化,製作出商標。

❾ 檢視
可以把格點顯示於文件視窗(畫圖的視窗),或是縮放視窗。

❿ 視窗
可以在此編輯工作區。也可以重置,恢復成預設狀態。只要選擇面板名稱,就會顯示出該面板。

⓫ 說明
可以從此處開啟Photoshop的說明文件。此外,Photoshop的授權解除也可以在此處操作。

選項列

可以設定在工具面板中所選的工具。例如,一旦選擇了筆刷,就能夠設定尺寸和不透明度等等的項目。

檔案
進行新檔案的建立、儲存、列印等操作。

檔案(F) 編輯(E) 影像(I) 圖層(L) 文字(Y)	
開新檔案(N)...	Ctrl+N
開啟舊檔(O)...	Ctrl+O
在 Bridge 中瀏覽(B)...	Alt+Ctrl+O
開啟為(A)...	Alt+Shift+Ctrl+O
開啟為智慧型物件...	
最近使用的檔案(T)	▶
關閉檔案(C)	Ctrl+W
全部關閉	Alt+Ctrl+W
關閉並跳至 Bridge...	Shift+Ctrl+W
儲存檔案(S)	Ctrl+S
另存新檔(A)...	Shift+Ctrl+S
存回...	
回復至前次儲存(V)	F12
轉存(E)	▶
產生	▶
在 Behance 上共用(D)...	
搜尋 Adobe 庫存...	
置入嵌入的智慧型物件(L)...	
置入連結的智慧型物件(K)...	
封裝(G)...	
自動(U)	▶
指令碼(R)	▶
讀入(M)	▶
檔案資訊(F)...	Alt+Shift+Ctrl+I
列印(P)...	Ctrl+P
列印一份拷貝(Y)	Alt+Shift+Ctrl+P
結束(X)	Ctrl+Q

編輯
可以進行影像的縮放、變形等操作。

編輯(E) 影像(I) 圖層(L) 文字(Y) 選I	
還原筆刷工具(O)	Ctrl+Z
向前(W)	Shift+Ctrl+Z
退後(K)	Alt+Ctrl+Z
淡化筆刷工具(D)...	Shift+Ctrl+F
剪下(T)	Ctrl+X
拷貝(C)	Ctrl+C
拷貝合併(Y)	Shift+Ctrl+C
貼上(P)	Ctrl+V
選擇性貼上(I)	▶
清除(E)	
檢查拼字(H)...	
尋找與取代文字(X)...	
填滿(L)...	Shift+F5
筆畫(S)...	
內容感知比率	Alt+Shift+Ctrl+C
操控彎曲	
透視彎曲	
任意變形(F)	Ctrl+T
變形(A)	▶
自動對齊圖層...	
自動混合圖層...	
定義筆刷預設集(B)...	
定義圖樣...	
定義自訂形狀...	
清除記憶(R)	▶

圖層
使用於新圖層建立或遮色片建立、點陣化等操作。

圖層(L) 文字(Y) 選取(S) 濾鏡(T) 3	
新增(N)	▶
拷貝 CSS	
複製圖層(D)...	
刪除	▶
快速轉存為 PNG	Shift+Ctrl+'
轉存為...	Alt+Shift+Ctrl+'
重新命名圖層...	
圖層樣式(Y)	▶
智慧型濾鏡	▶
新增填滿圖層(W)	▶
新增調整圖層(J)	▶
圖層內容選項(O)...	
圖層遮色片(M)	▶
向量圖遮色片(V)	▶
建立剪裁遮色片(C)	Alt+Ctrl+G
智慧型物件	▶
點陣化(Z)	▶
新增基於圖層的切片(B)	
群組圖層(G)	Ctrl+G
解散圖層群組(U)	Shift+Ctrl+G
隱藏圖層(R)	Ctrl+,
排列順序(A)	▶
組合形狀(H)	▶

文字
可以顯示文字面板，或是建立工作路徑。

文字(Y) 選取(S) 濾鏡(T) 3D	
從 Typekit 新增字體(A)...	
面板	▶
消除鋸齒	▶
文字排列方向	▶
OpenType	▶
建立工作路徑(C)	
轉換為形狀(S)	
點陣化文字圖層(R)	
轉換文字形狀類型(T)	
彎曲文字(W)...	
字體預視大小	▶
語言選項	▶
更新全部文字圖層(U)	
取代全部遺失字體	
解決遺失字體(F)...	
貼上 Lorem Ipsum(P)	
載入預設文字樣式	
儲存預設文字樣式	

圖層面板的功能

可以調整圖層的不透明度。

圖層面板選單

可以選擇混合模式。

點擊眼睛的圖示，就可以切換圖層的顯示、隱藏。

只要在選取圖層的狀態下，一旦往上或往下拖曳，就可以改變圖層的重疊順序。

可以新增或刪除圖層。此外，也可以為圖層添加特殊效果。

28頁有圖層的詳細說明。

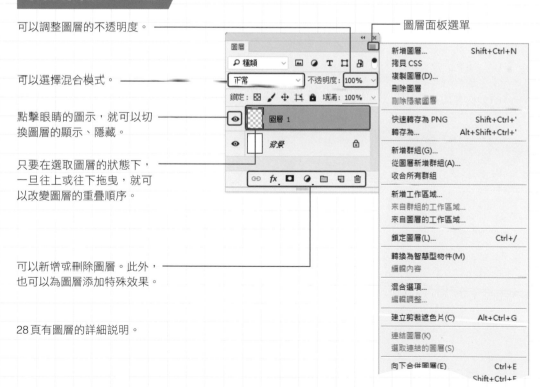

Photoshop的基本─工具面板

匯集了影像編輯功能的工具面板。舉凡影像的移動和選擇，諸如繪圖功能等等的工具都齊聚在一起。

此外，只要長按圖示，就能顯示出相關工具。

移動工具
移動影像或選取範圍時使用。

套索工具
可以自由地建立選取範圍。

裁切工具
裁切影像時使用。

修復筆刷工具
可以修復照片的損傷或髒汙。

仿製印章工具
可以拷貝指定場所的影像，並黏貼到其他場所。

橡皮擦工具
刪除繪畫部分時使用。

模糊工具
模糊周邊時使用。

筆型工具
使用路徑描繪直線或曲線時使用。

路徑選取工具
控制路徑時使用。

手形工具
變更影像的顯示位置時使用。

前景色
選擇前景色或背景色時使用。

變更螢幕模式
變更螢幕的顯示方式時使用。

矩形選取畫面工具
選取矩形時使用。

快速選取工具
一邊在影像的上方描摹一邊建立選取範圍時使用。

滴管工具
選擇影像內的顏色時使用。

筆刷工具
可以在圖層上自由地繪畫。

步驟記錄筆刷工具
可以在步驟記錄影像或快照上描繪。

漸層工具
用漸層把背景或選取範圍等填滿時使用。

加亮工具
加亮周邊時使用。

水平文字工具
輸入水平文字時使用。

矩形工具
可以建立矩形等等的物件。

放大鏡工具
變更影像的顯示倍率時使用。

以快速遮色片模式編輯
使用筆刷建立選取範圍時使用。

〈長按後會顯示的相關工具〉

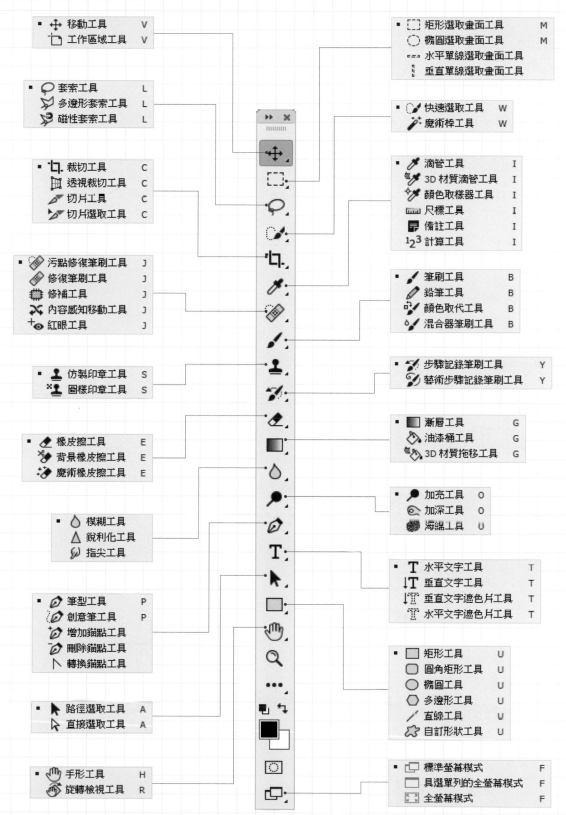

- ⊕ 移動工具　　　　　　V
- ⌐ 工作區域工具　　　　V

- ▢ 矩形選取畫面工具　　M
- ○ 橢圓選取畫面工具　　M
- ▭ 水平單線選取畫面工具
- ▯ 垂直單線選取畫面工具

- ○ 套索工具　　　　　　L
- ▷ 多邊形套索工具　　　L
- ▷ 磁性套索工具　　　　L

- ✓ 快速選取工具　　　　W
- ✦ 魔術棒工具　　　　　W

- ✄ 裁切工具　　　　　　C
- ▦ 透視裁切工具　　　　C
- ✎ 切片工具　　　　　　C
- ▶ 切片選取工具　　　　C

- ✒ 滴管工具　　　　　　I
- ✒ 3D 材質滴管工具　　I
- ✒ 顏色取樣器工具　　　I
- ▭ 尺標工具　　　　　　I
- ▤ 備註工具　　　　　　I
- 1₂3 計算工具　　　　　I

- ✐ 污點修復筆刷工具　　J
- ✐ 修復筆刷工具　　　　J
- ✪ 修補工具　　　　　　J
- ✗ 內容感知移動工具　　J
- +◉ 紅眼工具　　　　　　J

- ✐ 筆刷工具　　　　　　B
- ✎ 鉛筆工具　　　　　　B
- ◳ 顏色取代工具　　　　B
- ◔ 混合器筆刷工具　　　B

- ⚲ 仿製印章工具　　　　S
- ⚲ 圖樣印章工具　　　　S

- ✎ 步驟記錄筆刷工具　　Y
- ✎ 藝術步驟記錄筆刷工具　Y

- ✐ 橡皮擦工具　　　　　E
- ✎ 背景橡皮擦工具　　　E
- ✦ 魔術橡皮擦工具　　　E

- ▣ 漸層工具　　　　　　G
- ◔ 油漆桶工具　　　　　G
- ◔ 3D 材質拖移工具　　G

- ◯ 模糊工具
- △ 銳利化工具
- ◉ 指尖工具

- ◯ 加亮工具　　　　　　O
- ◉ 加深工具　　　　　　O
- ◉ 海綿工具　　　　　　U

- ✐ 筆型工具　　　　　　P
- ◌ 創意筆工具　　　　　P
- ✚ 增加錨點工具
- ◌ 刪除錨點工具
- ◣ 轉換錨點工具

- T 水平文字工具　　　　T
- ↓T 垂直文字工具　　　　T
- ▯T 垂直文字遮色片工具　T
- ▯T 水平文字遮色片工具　T

- ▶ 路徑選取工具　　　　A
- ▷ 直接選取工具　　　　A

- ☐ 矩形工具　　　　　　U
- ☐ 圓角矩形工具　　　　U
- ○ 橢圓工具　　　　　　U
- ⬡ 多邊形工具　　　　　U
- ╱ 直線工具　　　　　　U
- ✿ 自訂形狀工具　　　　U

- ✋ 手形工具　　　　　　H
- ✋ 旋轉檢視工具　　　　R

- ▭ 標準螢幕模式　　　　F
- ▭ 具選單列的全螢幕模式　F
- ▭ 全螢幕模式　　　　　F

Photoshop的基本—面板

介紹在 Photoshop 的作業中經常使用的面板。欲使用的面板沒有顯示時，只要從〔視窗〕選單選擇目標的面板名稱，就能夠顯示出該面板。另外，如果顯示的面板太多，只要選擇〔視窗〕—〔工作區〕—〔基本功能（預設）〕，就可以恢復成原始的狀態。

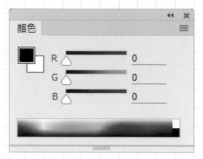

顏色面板
選擇顏色時使用。

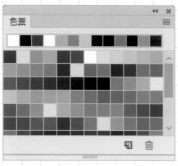

色票面板
選擇顏色、登錄顏色時使用。

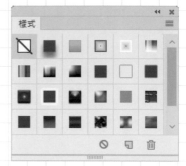

樣式面板
只要套用登錄的預設集，就可以賦予效果。

元件庫面板
登錄、使用製作好的圖像元件。

調整面板
進行影像調整時使用。

圖層面板
操作圖層時使用。

色版面板
將 Alpha 色版和遮色片加以組合，或是加工色調。

路徑面板
可以建立路徑，或是建立選取範圍。

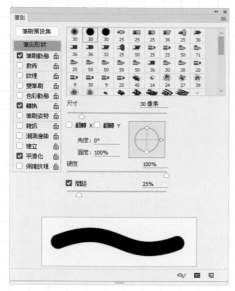

筆刷面板
可以進行筆刷的詳細設定。

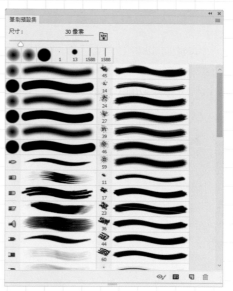

筆刷預設集面板
可以透過縮圖確認登錄的筆刷形狀，變更尺寸。

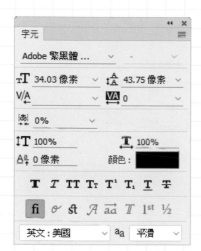

字元面板
除了選擇字體之外，還可以進行尺寸、字距微調等各種文字相關的設定。

段落面板
可以設定輸入文字的段落或是縮排。

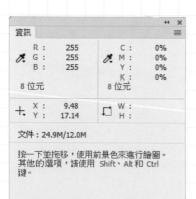

資訊面板
顯示影像上滑鼠游標的位置及其顏色資訊。

色階分布圖面板
可以觀察被使用在影像上的顏色分布。

Photoshop的基本—繪圖工具的使用方法

Photoshop裡具備了鉛筆工具、筆刷工具和筆型工具等等繪圖的工具。在此,將解說繪圖時的工具使用方法和設定。

繪圖工具的種類

　　本書在繪製人物的時候,都是使用〔筆刷〕工具。繪製線稿時,其他尚有可以呈現手繪感的〔鉛筆〕工具,以及能夠畫出漂亮曲線的〔筆型〕工具等等。各種工具的筆觸都不相同,使用方法也有很大的差異。

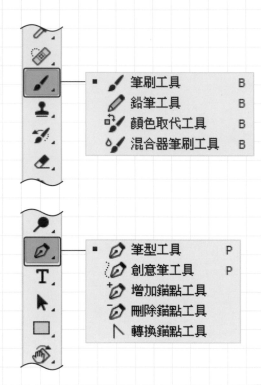

筆刷工具

　　依照目的自由地選擇種類或尺寸,就可以表現出各種不同的描繪表現。如果使用繪圖板的話,就可以藉由筆壓的感應來繪製出強弱不同的線條。

鉛筆工具

　　可以畫出線稿般的細線。和筆刷不同,其特徵是能夠用粗線繪製。因為線條比較纖細,所以不適合用來填色。

筆型工具

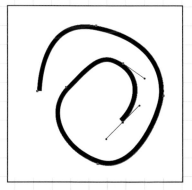

　　可以畫出漂亮的曲線。就像Illustrator那樣,即使在繪製完成之後,依然可以調整彎曲的角度或位置。

筆刷的設定方法

只要點擊〔工具〕面板的〔筆刷〕工具，就可以透過選項列進行筆刷的設定。選項列可以從筆刷的種類進行尺寸等等的詳細設定。

一旦選擇〔視窗〕選單－〔筆刷〕來顯示〔筆刷〕面板，就可以進一步地做出各種設定。

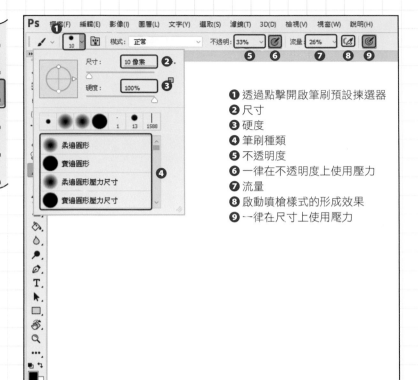

❶ 透過點擊開啟筆刷預設揀選器
❷ 尺寸
❸ 硬度
❹ 筆刷種類
❺ 不透明度
❻ 一律在不透明度上使用壓力
❼ 流量
❽ 啟動噴槍樣式的形成效果
❾ 一律在尺寸上使用壓力

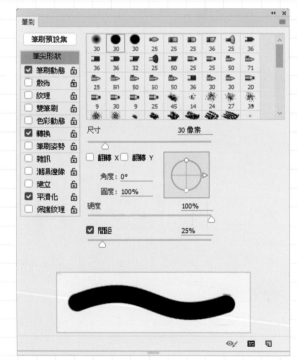

筆刷面板
可以進行筆刷的自訂或是建立新筆刷。

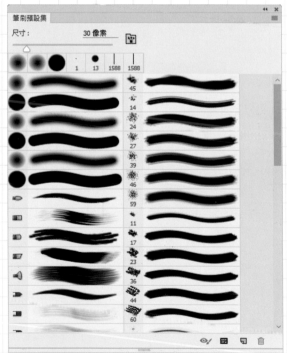

筆刷預設集
顯示出預設筆刷的縮圖。

Photoshop的基本—色彩的基本和使用方法

人物描繪完成之後，就要進行上色。這種上色作業也必須倚靠各種失敗的經驗去不斷地累積，
剛開始或許會因為無法取得協調而感到迷惘。了解基本的知識，不斷地反覆嘗試吧！

設定色彩模式

　利用Photoshop繪圖時，必須先設定色彩模式。
繪製彩色插畫時，要選擇RGB或CMYK任一種色彩
模式。RGB指的是光的三原色，也就是「R（紅）、
G（綠）、B（藍）」，電腦的顯示器或數位照片等，都
是用這種RGB色彩來表現色彩。因此，在Web設
計等媒體上刊載的插畫，要選用RGB色彩。另一方
面，CMYK則是色量的三原色「C（青）、M（洋紅）、
Y（黃）」，再加上K（黑）而構成的，主要是印刷品所
使用的色彩表現。插畫如果是以印刷為目的，就要
事先選擇CMYK色彩模式。

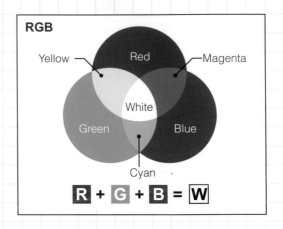

轉換色彩模式

　完成繪圖之後，也可以轉換色彩模式。選擇〔影像〕選單—〔模式〕，再選擇目標的色彩模式，就可
以進行轉換。可是，色彩模式轉換之後，有時也會導致色彩改變，所以依然建議從一開始便設定好正
確的模式。不得不轉換色彩模式時，要確認在轉換的前後色彩是否有所差異。

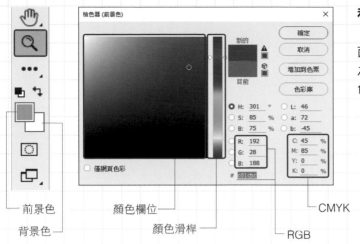

前景色
背景色
顏色欄位
顏色滑桿
CMYK
RGB

利用〔工具〕面板的前景色設定顏色

人物進行上色的時候,要從〔工具〕面板的前景色進行選色。點擊前景色之後,可以從檢色器挑選喜歡的顏色,或是輸入數值進行設定。

利用顏色面板設定顏色

事先決定好欲使用的顏色時,就選擇〔視窗〕選單－〔顏色〕,在開啟的〔顏色〕面板中輸入數值。另外,還可以從右上的選項選單切換RGB或CMYK等色彩模式。

前景色
滑塊
背景色
顏色曲線圖

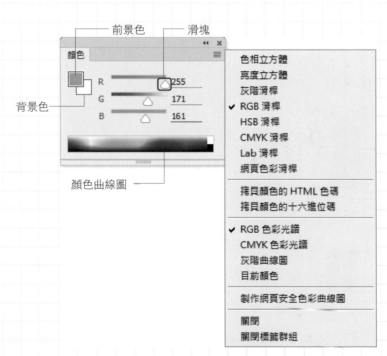

把顏色登錄至色票面板

反覆地使用相同顏色時,只要預先把顏色登錄至〔色票〕面板,就可以馬上使用,這是相當方便的功能。只要先在前景色設定欲登錄的顏色,選擇〔視窗〕選單－〔色票〕,在面板右上方的〔選項〕選單選擇〔新增色票〕,並加以命名,即可完成登錄。

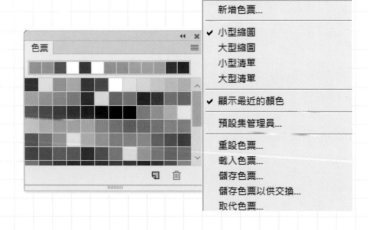

Photoshop的基本─影像的顯示和縮放

繪圖時，只要一邊縮放或旋轉畫布（畫面），就可以讓作業更加順利。牢記〔工具〕面板中的〔縮放顯示工具〕，以及〔手形工具〕裡的〔旋轉檢視工具〕的使用方法吧！

縮放顯示工具

選擇〔工具〕面板的〔縮放顯示工具〕，點擊影像中欲放大的部位，就可以放大顯示。另外，如果在按住〔Ctrl〕鍵的情況下點擊，就可縮小顯示。

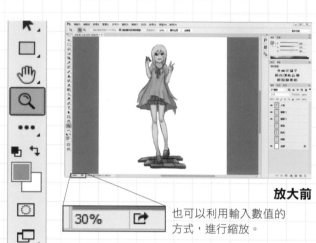

放大前　　　　　　　　　　　　　　放大後

30%　　也可以利用輸入數值的
方式，進行縮放。

旋轉檢視工具

繪製較複雜的線條時，只要先讓圖畫旋轉再來描繪，就能夠畫得更加輕鬆。從〔工具〕面板長按〔手形工具〕，選擇〔旋轉檢視工具〕。滑鼠游標的圖示改變之後，只要在圖畫上往左右拖曳，圖畫就會以該位置為中心點，進行旋轉。

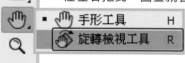

手形工具　　H
旋轉檢視工具　R

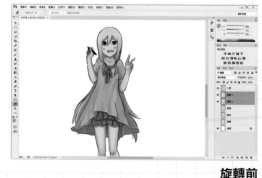

旋轉前　　　　　　　　　　　　　　旋轉後

Chapter 1

動畫風上色

Section 1　架構製作

Section 2　草稿製作

Section 3　線稿製作

Section 4　上色

Section 5　完稿

ANIME
PAINTING

動畫風上色

在此將解說作為上色基礎的動畫風上色技巧。配合光線照射中的部分、陰影的部分與反射中的部分等等各部位的形狀來製作，藉此決定完成度。

動畫風上色的特徵

所謂的「動畫風上色」，其實就是在賽璐璐動畫中常見的畫風，而陰影和亮部的色彩數量不多，沒有不均勻的上色方法是其特徵。因此，容易和各種畫風搭配，最適合平面式的描寫。為了避免過分單調，重疊暗部的陰影進行上色的技巧是主要關鍵。

動畫風上色的 Section

關於製作範例

　　此製作範例將從利用筆刷製作架構的部分開始進行解說。

　　Section1、Section2和Section3是繪製線稿，從Section4開始則是依照各部位區分圖層，進行上色。

Section 1
架構製作

利用簡筆人物畫來決定姿勢。就算是粗略也沒關係，一邊想像完成圖一邊繪製即可。

Section 2
草稿製作

進行整體的繪製。使用選取和左右翻轉的功能，一邊調整整體的協調性一邊進行繪製。

繪製線稿時的筆刷準備

在這個動畫風上色中使用的是稱為實邊圓形筆刷的預設筆刷。筆刷可以選擇〔筆刷工具〕,從選項列進行設定,或是選擇〔視窗〕－〔筆刷〕,透過開啟的〔筆刷〕面板進行設定。

製作架構或底稿時,要用略粗的筆刷進行繪製。基本上未必非得用略粗的尺寸不可,但是,如果繪製的線條太細,就會有太多曖昧的線條重疊,有時就會讓底稿變得複雜、混亂,所以要多加注意!

此外,這裡的筆刷顏色採用黑色。

※線條請自行靈活運用容易繪製的粗細尺寸。

筆刷工具 ——

也可以從選項列進行筆刷的設定。

筆刷預設集面板

筆刷預設集裡面收錄了各種筆刷預設集,同時還有縮圖可供預覽。請多方嘗試,挑選出符合個人使用的筆刷吧!

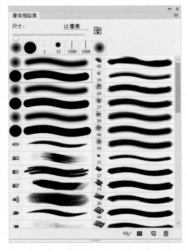

按下筆刷面板的筆刷預設集標籤後,就可以開啟此面板。

Section 3
線稿製作

依照各部位區分圖層後,進行線條的修整。用較細的線條描繪出完稿線。

Section 4
上色

進行基本色調的上色。上色時要注意髮尖等留白部分。

Section 5
完稿

一邊思考光源一邊進行陰影的上色。最後再加上眼睛的亮部和臉頰的腮紅,便大功告成了。

NIME PAINTING

圖層的基本

圖層就像是可以層層堆疊的透明底片那樣的東西，可以在該底片上繪製圖像並進行堆疊或加工。圖層上沒有畫上任何影像的部分，通常都會被視為透明，因此，就可以從透明部分看到下方的圖層。使用這種圖層進行作業時，如果遇到需要修改的情況，只要單獨修改欲修改的圖層即可，所以作業也會變得相當地順暢。

圖層的移動

圖層除了可以層層堆疊之外，還可以改變堆疊的順序。欲改變堆疊順序時，只要選取圖層並將其拖曳到目標位置即可。

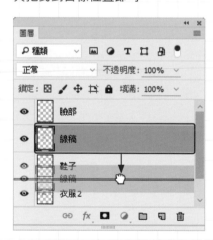

不透明度

每張圖層都可以設定不透明度。塗上顏色之後，可以調整不透明度。

原始影像

不透明度70%

不透明度50%

One Point
確認選取的圖層

加工由多張圖層疊製而成的影像時，必須在選取目標圖層的狀態下進行加工。千萬不要搞錯圖層，在非目標圖層進行作業喔！

圖層面板的功能

〔圖層〕面板是一個可以增加、刪除、複製圖層，或是切換顯示，或是進行各種功能管理的場所。在預設狀態中，圖層面板會被配置在工作區的右下方。

❶混合模式

可以針對下方的圖層，設定要做出什麼樣的合成。

❷顯示、隱藏

點擊眼睛圖示後，就可以切換圖層內容的顯示或隱藏。

❸圖層

配置在背景上方的一般圖層。可以新增圖層在上方或是變更圖層順序。

❹背景圖層

全新的檔案建立後，程式會自動建立出一張附有鎖頭符號的背景圖層。也可以點擊鎖頭符號，把背景圖層變更成一般圖層。

❺鎖定透明像素

可以鎖定選取圖層的透明部分。

❻圖層面板選單

匯集了用來編輯所選取圖層的功能。

新增圖層...	Shift+Ctrl+N
拷貝 CSS	
複製圖層(D)...	
刪除圖層	
刪除隱藏圖層	
快速轉存為 PNG	Shift+Ctrl+'
轉存為...	Alt+Shift+Ctrl+'
新增群組(G)...	
從圖層新增群組(A)...	
收合所有群組	
新增工作區域...	
來自群組的工作區域...	
來自圖層的工作區域...	
鎖定圖層(L)...	Ctrl+/
轉換為智慧型物件(M)	
編輯內容	
混合選項...	
編輯調整...	
建立剪裁遮色片(C)	Alt+Ctrl+G
連結圖層(K)	
選取連結的圖層(S)	
向下合併圖層(E)	Ctrl+E
合併可見圖層(V)	Shift+Ctrl+E
影像平面化(F)	
動畫選項	▶
面板選項...	
關閉	
關閉標籤群組	

❼連結圖層

選取多個圖層，點擊這個符號後，就可以連結多個圖層。

❽增加圖層樣式

可以針對選取圖層，套用各種不同的效果。

❾增加圖層遮色片

可以在圖層上增加遮色片。
使用遮色片之後，就可以隱藏圖層的一部分，同時顯示位在下方的圖層。

❿建立新填色或調整圖層

為圖層填色，或是建立新的調整圖層，進行色調補正。

⓫建立新群組

可以把多張圖層彙整在資料夾裡，歸納成群組。

⓬建立新圖層

可以建立新圖層。

⓭刪除圖層

可以刪除圖層。

⓮圖層名稱

點擊圖層名稱，就可以變更圖層名稱。

⓯不透明度

可以變更選取圖層的顯示濃度。

繪製擺出姿勢的簡筆人物畫時，只要納入從頭部到腳尖的協調性取決方法或透視圖法（遠近法）來製作，就不會有太大的問題。

本章節所繪製的人物不是採取站姿，而是彈跳起來的姿勢，所以只要預先製作出透視圖法的參考線，就可以輕易地、均衡地進行繪製。

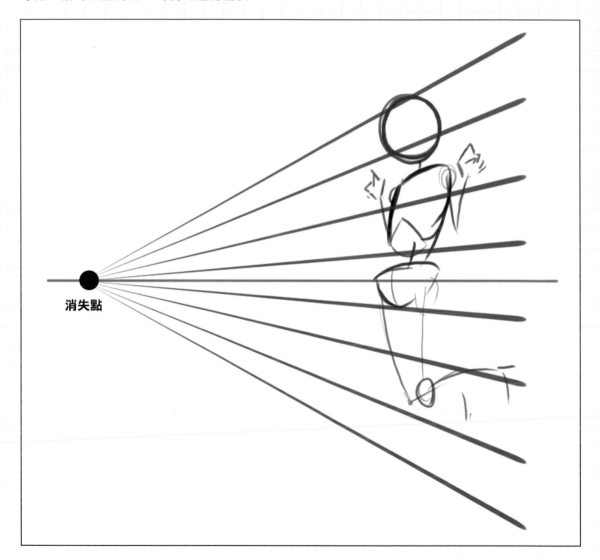

消失點

透視圖法即是遠近法，在繪畫等創作中經常使用的手法，就是讓平面的繪畫如同3D那樣具有深度的手法。以透視方式繪製圖畫時，只要先製作出透視的參考線，再以其作為標準就不會有問題了。

近的物體看起來會比較大，遠的物體則會變小。這個縮至最小的點就稱為消失點（Vanishing Point）。在此僅繪製人物而已，所以參考線的製作就以消失點為基準，只要畫出如上圖般的參考線，就能製作可取得協調性的圖畫。

透視的取決方法

製作透視參考線

透視參考線是從〔工具〕面板利用直線工具拉線而製成的。

準備參考線

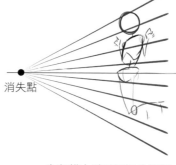

一邊按住〔shift〕鍵，一邊畫出直線。

拷貝圖層，製作出5～6條直線。直線的間隔不拘，適當即可。

合併製作的直線圖層，利用〔Ctrl〕＋T鍵選取所有的直線。點擊右鍵，選擇〔透視〕。

消失點

點擊左上或左下的邊框，讓直線往中央靠攏。

接著，點擊右上或右下的邊框，拉開直線的距離。一旦位置決定好，按下〔Enter〕鍵，確定完成操作。

在架構上賦予透視的範例

參考線的顯示方法

如果是站姿的圖畫，則可以使用參考線。在動漫風格的人物繪製中，由於人物是採用跳躍的姿勢，因此勉強可以用參考線來觀察整體的協調程度。只要選擇〔檢視〕選單中的〔尺標〕，文件視窗的上方和左側就會出現尺標。只要拖曳上方尺標的刻度，並且在所需要的位置放開滑鼠，就會顯示出參考線。欲刪除時，就把參考線拖曳至上方，或是左側的尺標即可。

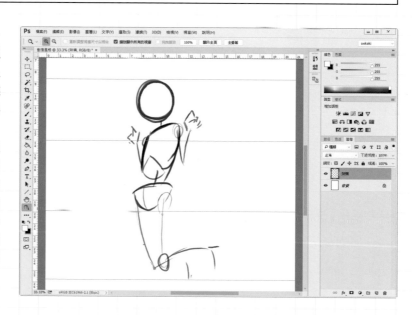

架構製作

在此請記住架構的製作方法喔！

架構是掌握整體協調的重要關鍵。一邊留意參考線和位置關係，一邊用筆刷概略描繪出頭部、身體等部位吧！

1 建立新檔

準備繪圖用的紙張。從〔檔案〕選單中選擇〔開新檔案〕，從新增對話框的〔文件類型〕中選擇〔國際標準紙張〕，尺寸為A4。解析度為300pixel/inch（像素/英吋）。點擊〔確定〕。

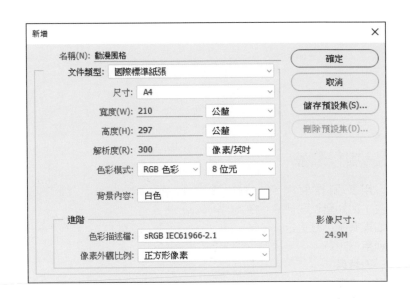

2 建立「架構」圖層

為了依照各部位進行繪製，所以要先建立圖層。點擊〔圖層〕面板的〔建立新圖層〕。在此將圖層名稱命名為「架構」。

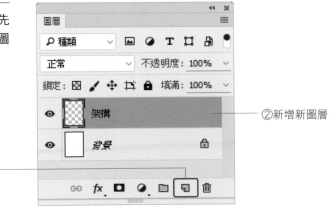

①點擊

②新增新圖層

3 設定筆刷

　　首先，用筆刷繪製「頭」部。選擇〔筆刷〕，從〔工具選單〕中選擇〔實邊圓形〕，並且在〔筆刷〕面板中選擇〔尺寸30〕，顏色就設定為黑色。基本上筆刷的尺寸可依照個人喜好，如果30像素的尺寸用不習慣，也可以設定成比草稿略粗的尺寸。

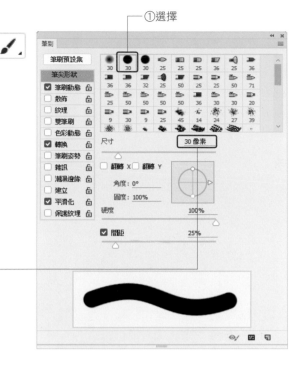

①選擇

②設定筆刷的尺寸

4 製作架構

　　用筆刷繪製各個部位。首先，因為難以取得協調性，所以如果有不小心畫錯的時候，就要利用〔Ctrl〕＋〔Z〕鍵，一邊還原一邊繪製。依序畫出「頭」、「身體」、「腰」、「腳」。因為人物是朝側面跳躍，所以繪製時要稍微留意一下透視問題。

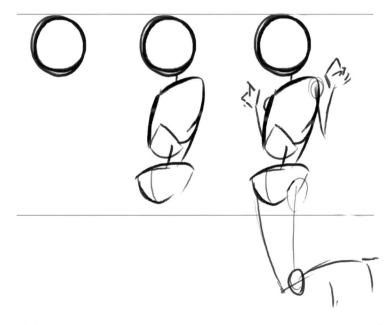

畫出頭部。

從胸部開始，套用透視將身體稍微往側面繪製。

從頭部到身體、或從腰部到腳尖，繪製時都要注意協調性。按照需要，一旦顯示參考線，就會比較容易確認。

草稿製作

把架構當作參考線，進行底稿的繪製。一旦打底稿，整體的協調性就會變得更好。底稿打好之後，還要進一步繪製頭髮和衣服等細節部分來完成草稿。

增加圖層，製作草稿！

底稿的基本說明

所謂的底稿，就是繪製草稿前的打底，用來調整整體構圖及協調性的重要步驟。把架構設定為半透明之後，一邊以架構為參考線，一邊概略地畫出衣服和頭髮等部位。

草稿的基本說明

草稿就是指比底稿畫得更加詳細的線稿。在此要把這個「草稿」當成底稿，進一步地繪製完稿用的線稿。

1 調整「架構」圖層的不透明度

根據架構來繪製出人物。選擇〔圖層〕面板的〔架構〕，把上色的不透明度設定為「20%」。底稿的顏色就會變淡。

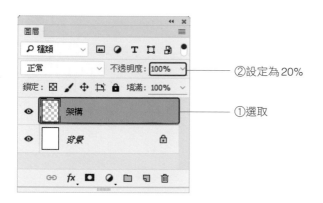

②設定為20%

①選取

2 新增〔草稿〕圖層和設定筆刷

為了繪製輪廓，建立新圖層。在〔圖層〕面板中點擊〔建立新圖層〕，把名稱設定為「草稿」。選擇筆刷工具，在〔筆刷〕面板中把筆刷尺寸設定為20像素。

②新增新圖層之後，名稱設定為「草稿」。

①點擊

在顏色調淡的「架構」圖層上方，新增繪製底稿用的「草稿」圖層。

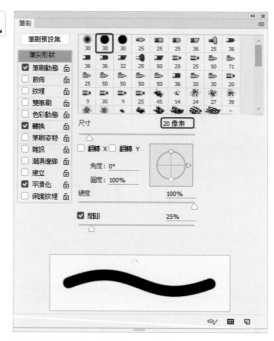

在此把筆刷的尺寸設定為20像素。

參考架構來製作底稿。最初，一邊想像大致的線條一邊著手，並且在注意整體動作的同時，進行頭髮到服裝和腳部的繪製。

4 使其翻轉取得協調性

從〔工具〕面板選擇〔移動工具〕，勾選選項列中的〔顯示變形控制項〕。直接選擇〔編輯〕選單－〔變形〕－〔水平翻轉〕。

使其水平翻轉

接著只要移動變形控制項右下的滑鼠游標，滑鼠游標的圖示就會變成 ↵，此時可以利用左右拖曳的方式使影像傾斜。一旦過度傾斜，就會破壞協調性，所以只要稍微調整即可。

調整變形控制項的時候，當滑鼠游標的圖示變成 ↘，就可以進行放大、縮小。注意游標的變化，加以靈活運用吧！協調性調整完成後，按下〔Enter〕鍵，確定變更。

拖曳圖示 ↵

5 利用選取範圍進行調整

從〔工具〕面板選擇〔套索工具〕，拖曳框選欲修正的部分。選取範圍建立完成後，非選取範圍就無法繪製，所以描繪臉部或頭髮等細微部分時，這種方法相當便利。一邊重覆STEP4～5的操作，一邊調整整體，使草稿完成吧！

利用〔套索工具〕進行拖曳選取後的狀態。選取範圍建立完成後，非選取範圍就無法繪製。

整體的協調性和局部的調整完成之後，再利用STEP4的方法，進行〔水平翻轉〕，將影像恢復成原狀。

線稿製作

根據草稿，按照各部位建立圖層，製作出漂亮的線稿。這個作業越是細微，之後的作業就會越加輕鬆，因此，請耐心繪製直到自己可以接受為止吧！

請牢記細線的使用方法！

眼睛、嘴巴、輪廓的協調性是臉部表情的關鍵。注意到透視，反覆地練習吧！

大膽地讓頭髮飄逸，表現女孩子般的可愛感吧！

為了展現出動作，服裝繪製時要加入皺褶。同時，也別忘了表現出跳躍的動作。

 ## 線稿的基本說明

一邊把草稿線條當作參考，一邊繪製出的完稿線條，就是所謂的「線稿」。線稿就像左圖那樣要用簡單的線條進行繪製，製作成宛如「著色畫」的狀態。

根據草稿製作線稿的時候，有時會有「草稿好像比較好？」的感覺。這是因為曖昧不明的線條消失之後，簡單的線條會給人一種空虛的印象。因為最後還要進行上色，所以線稿就用簡單的線條來仔細地描繪吧！

▌ 建立〔線稿〕圖層

　　製作線稿之前要先新增圖層。開啟〔圖層〕面板，點擊〔建立新圖層〕，把新增的圖層名稱設定為「線稿」。

②新增新圖層

①點擊

2 設定筆刷

　　使用架構、草稿的筆刷設定，再取消勾選〔轉換〕的設定，設定成透明度不會因筆壓而改變的筆刷。只要採用這種設定，就可以在維持濃度的狀態下繪製線稿。在此將筆刷的尺寸設定為〔4像素〕。

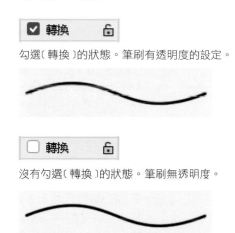

☑ 轉換

勾選〔轉換〕的狀態。筆刷有透明度的設定。

☐ 轉換

沒有勾選〔轉換〕的狀態。筆刷無透明度。

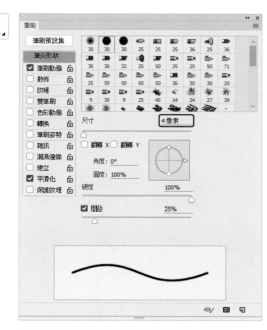

基本的設定相同，不過尺寸設定為〔4像素〕。

One Point

利用圖層的隱藏

　　畫到某一程度後，只要點擊〔圖層〕面板中的〔架構〕圖層旁邊的眼睛圖示，把圖層設定為隱藏，就可以只顯示草稿部分，調整會變得更容易。

　　調降〔草稿〕圖層的透明度,描繪線稿。線稿必須盡可能畫得精美,所以要一邊把影像旋轉成容易描繪線條的方向,一邊仔細地描繪。

刪除不要的線條

頭髮要一口氣畫出線條,就像畫出打叉符號那樣,乾淨俐落。就算線條超出範圍也沒有關係。

接著,利用〔橡皮擦工具〕清除線條交叉的部分,或是超出範圍的部分。

弧度較大的曲線部分,要一口氣畫出線條。希望重新描繪的時候,就利用〔Ctrl〕+〔Z〕鍵還原至前一動作,重新繪製直到自己可以接受為止。

考量到之後的上色作業,繪製時要盡可能避免在線條之間產生縫隙。

4 製作〔臉部〕圖層

　　繪製臉部時，為了讓修正更容易，將圖層區分後再進行作業。點擊〔圖層〕面板的〔建立新圖層〕，建立〔臉部〕圖層。另外，沒有必要的圖層則點擊眼睛的圖示，設定為隱藏。

②把圖層名稱變更為「臉部」，
並移動至「線稿」圖層的上方

①點擊

③設定為隱藏

線稿完成了。
接下來要進行上色。

One Point

區分圖層

　　各個部位相互重疊，或是在狹窄範圍進行描繪的時候，先按照部位區分圖層後再進行作業吧！建立圖層的時候，一定要變更圖層名稱，使圖層管理得以一目了然。

因為眼睛和頭髮的部分相互重疊，所以臉部的圖層只要事先區分開來，希望修正的時候，就會比較輕鬆。

上色

上色的重點在於建立選取範圍並依照部位來上色。同時還要評估光源，靈活運用陰影和亮部。

光影的運用方法
相當重要喔♪

眼睛裡面加上藍色的亮點。

臉頰賦予漸層，使其呈現
粉紅色的紅暈。

上色之後，用滴管工具拾取該色，
從上方塗上較該色為暗的色彩。

上色的基本說明

以上色的順序來說，首先，要在各部位填滿作為基底的色彩。之後，再一邊注意光源，一邊加上陰影和亮部。透過陰影和亮部的上色方式會影響完稿的品質，所以上色時要留意立體感和光源。首先，不要想太多，把光源設定在左上方，把陰影畫在右側。

┃ 色彩的準備

　　設定顏色時，要從〔工具〕面板的繪圖工具來選擇顏色。在此，只要全面地選擇同色系即可。頭髮如果是綠色，衣服就選用藍色或偏綠的色彩；頭髮如果是紅色，服裝就選用橘色或偏黃的色彩，如此一來協調性會變得更好。

點擊〔繪圖工具〕後，檢色器就會開啟。在此選擇顏色。

── 點擊

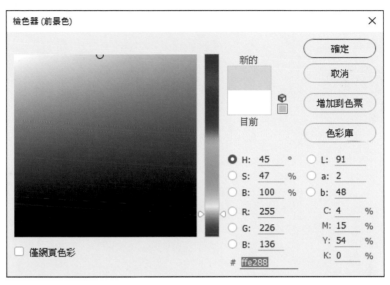

在此用暖色系整合顏色。

2 設定筆刷

在〔工具〕面板中選擇〔筆刷工具〕。選擇實邊圓形，筆刷的尺寸則設定為4像素。另外，在〔筆尖形狀〕－〔轉換〕中，把〔不透明度快速變換〕的控制設定為「關」，直接用筆刷進行上色。一旦設定為「筆的壓力」，透明度就會因筆的壓力而改變。另外，一旦把大小快速變換的控制設定為「筆的壓力」，尺寸就會因筆的壓力而改變。

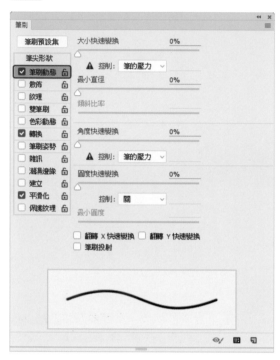

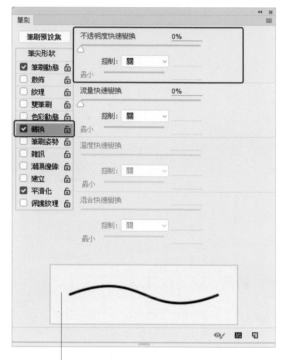

└─ 關閉不透明度快速變換，取消透明度。

如果〔筆刷動態〕－〔大小快速變換〕並不是筆的壓力，就算勾選筆刷動態，也無法利用筆的壓力畫出纖細的線稿。

這裡採用與線稿筆刷相同的設定。因為不想要用賽璐璐上色呈現不均，所以事先把不透明度快速變換的控制設定為關閉。

One Point
變換控制

　　變換控制是能夠透過筆的壓力調整來表現出不規則晃動或歪斜的功能。筆刷的變換中有〔大小快速變換〕、〔角度快速變換〕、〔圓度快速變換〕等各種不同的設定。在此為了讓筆刷可以做出均勻的描繪，而把〔轉換〕－〔不透明度快速變換〕設定為關閉。這樣一來，就可以用毫無變化的一般筆刷進行描繪。

3 建立臉部上色用的圖層

　　點擊〔建立新圖層〕，建立新圖層，將圖層名稱變更為「肌膚」。接著，選擇建立好的圖層，將該圖層移動至線稿圖層的下方。

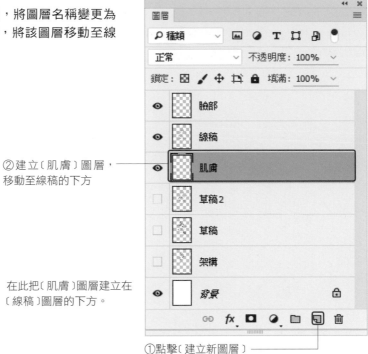

②建立〔肌膚〕圖層，
移動至線稿的下方

在此把〔肌膚〕圖層建立在〔線稿〕圖層的下方。

①點擊〔建立新圖層〕

4 利用〔魔術棒工具〕選取上色的部位

　　基本的上色方法是，先利用〔魔術棒〕建立選取範圍，然後反覆地進行用筆刷在該選取範圍內上色的作業。在選取〔肌膚〕圖層的狀態下，從〔工具〕面板選擇〔魔術棒工具〕，點擊臉部的白色部分。臉部的內側就會被自動選取。

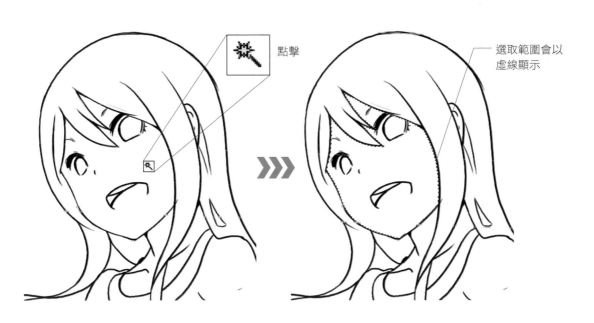

點擊

選取範圍會以虛線顯示

5 擴張選取範圍

　　單靠〔魔術棒工具〕沒有辦法把選取範圍延伸至線稿的邊緣。因此，要擴張選取範圍。選擇〔選取〕選單－〔修改〕－〔擴張〕。把〔擴張〕設定為1像素，按下〔確定〕。藉此，選取範圍會被擴張，邊界也會被選取。

選擇〔擴張〕

　　只要放大檢視〔魔術棒工具〕選取的範圍，就可以明顯地看出邊緣有些許縫隙。為了消除這個縫隙，就要進行選取範圍的擴張。

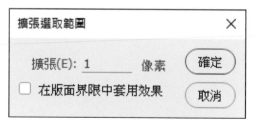

〔擴張〕對話框可以用像素單位指定擴張量。在此進行了1像素的擴張。

選取範圍會沿著線條顯示出虛線。這樣的選取狀態還不是相當完全。

選取範圍擴張了1像素。可以清楚看出虛線全都收納在黑線的內側。

6 用筆刷進行選取範圍的上色

從〔工具〕面板選擇〔筆刷工具〕，點擊〔繪圖工具〕，顯示〔檢色器〕。只要在此選擇顏色，就可以用該顏色進行上色。因為事前有建立選取範圍，所以就算亂塗一通，顏色也不會超出選取範圍。上色完成之後，就可以透過〔選取〕選單－〔取消選取〕（Control ＋ D）取消選取範圍。

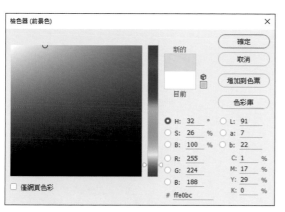

在此挑選膚色。

用筆刷拖曳上色

One Point
魔術棒工具並非萬能！

〔魔術棒工具〕會以點擊位置的顏色為基準，自動建立出選取範圍。可是，一旦試著放大這個選取範圍，就可以發現，不是會有些許無法選取的像素殘存，就是會有因圖畫形狀（尖銳的形狀）而殘留下無法選取的部位。像這種時候，如果在進行選取範圍的擴張後，仍然有未上色完全的部分，就必須用筆刷加以修補。另外，用線條框起的部分如果中斷，也會像右圖那樣無法正確地被選取，所以必須多加注意！

上色不完全

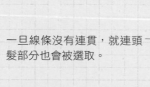

一旦線條沒有連貫，就連頭髮部分也會被選取。

7 頭髮的上色

在〔肌膚〕圖層的上方建立〔頭髮〕圖層，利用如同臉部上色時的方式來進行頭髮的上色。用〔魔術棒工具〕點擊頭髮部分，建立選取範圍。接著，點擊〔繪圖工具〕，在檢色器中選擇顏色後，用〔筆刷工具〕進行上色。

點擊頭髮

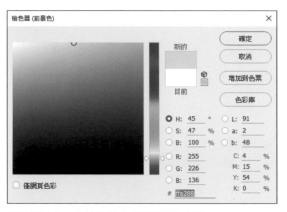

點擊前景色，在檢色器中選擇頭髮的顏色。

用〔魔術棒工具〕點擊頭髮部分，
建立選取範圍。

選取範圍一旦變得比較複雜，就可能因選取不完全
而出現上色不完全的情況。這個時候，就要放大局
部，用〔筆刷工具〕加以上色，並避免超出範圍。

上色不完全消失了。

8 **建立圖層，製作多個選取範圍**

　　用相同顏色進行不同位置的上色時，只要一邊按住〔shift〕鍵一邊用〔魔術棒〕點擊欲上色的位置，就可以同時選取，輕鬆上色。

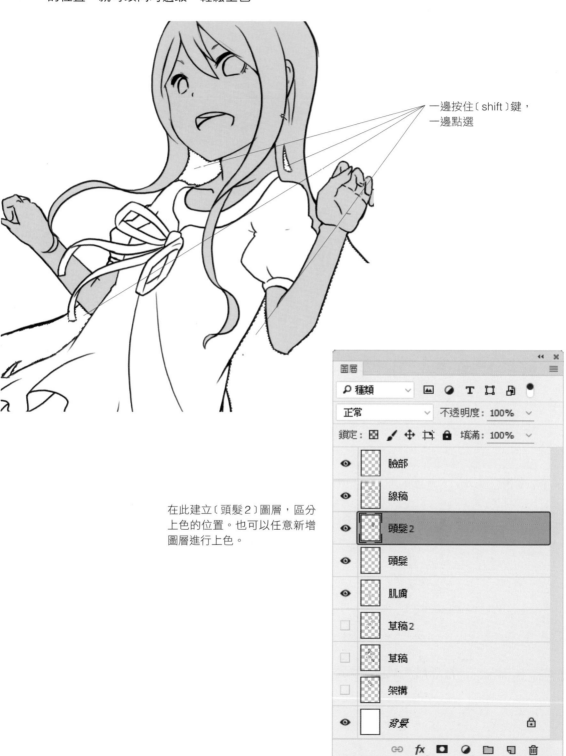

一邊按住〔shift〕鍵，
一邊點選

在此建立〔頭髮2〕圖層，區分上色的位置。也可以任意新增圖層進行上色。

9 衣服的上色

　　接著進行衣服的上色。因為上色的範圍較大，所以要先塗上較深的顏色，確認是否有上色不完全的部分。建立衣服圖層，以同樣的方式，用〔魔術棒工具〕建立選取範圍，再用〔筆刷工具〕填滿「茶褐色」。

確認是否有上色不完全

上色情況確認完畢後，把顏色變更成原本的衣服顏色。選擇〔影像〕選單－〔調整〕－〔色相/飽和度〕。調整〔色相〕、〔飽和度〕、〔明亮〕，把顏色變更成如右下般。

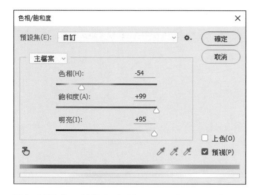

這個數值會因塗抹顏色的不同而改變。自由地調整數值，找出希望採用的顏色吧！

衣服上色後，同樣地建立〔眼睛〕圖層，眼睛的顏色也事先塗上。在此，採用了藍色。

完稿

加上光影，完稿！

在最後的潤飾中，要加上陰影來展現出立體感。
以左上方的光源為考量，加上陰影。在此要使用
可以簡單地加上陰影的「色彩增值」，進行上色。

▌ 把圖層群組化

在前面的步驟中，已經依照各部位陸續建立了圖層。接下來就把圖層加以群組化吧！作業就會因此
變得更加容易。顯示〔圖層〕，如左圖般一邊按住〔shift〕鍵一邊選取多個圖層。接著，點擊〔建立新群
組〕。於是，圖層就會被收納到資料夾裡。把名稱變更為「上色」。

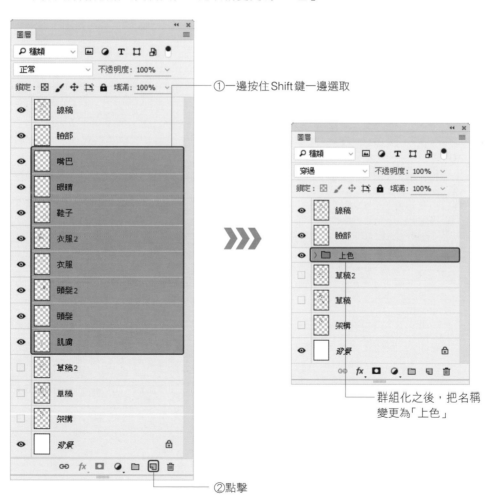

①一邊按住Shift鍵一邊選取

②點擊

群組化之後，把名稱變更為「上色」

2 建立陰影圖層

建立陰影圖層。在〔圖層〕面板中點擊〔建
立新圖層〕，建立「陰影」圖層。接著，把陰
影圖層的混合模式設定為〔色彩增值〕，為人
物加上陰影。

memo 〔色彩增值〕可以為原始影像增添色彩
效果，只要預先做好設定，就可以簡
單地製作出陰影風格的色彩。

③設定為色彩
增值

②新增新圖層

①點擊

3 設定剪裁遮色片

選取陰影圖層，選擇〔圖層〕選單－〔建立剪裁遮色片〕。
於是，圖層上就會出現朝向下方的箭頭。這樣一來，遮色片
的設定就完成，而且僅有透過下方圖層所繪製的領域可以編
輯。也就是說，色彩不會超出下方圖層的繪圖領域。

②選擇　　　　　①選取

③顯示向下的箭頭，
剪裁遮色片設定完成。

4 設定陰影顏色

設定陰影顏色。從〔工具〕面板點擊前景色，開啟檢色器。選擇比現有顏色更暗沉的顏色。

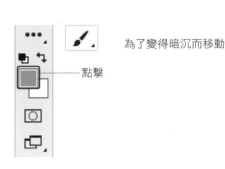

為了變得暗沉而移動

點擊

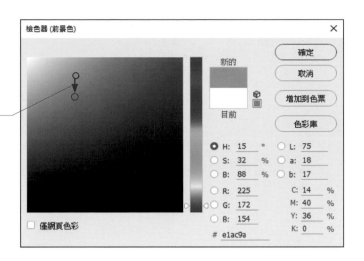

檢色器 (前景色)	×

確定
取消
增加到色票
色彩庫

新的
目前

- H: 15 °
- S: 32 %
- B: 88 %
- R: 225
- G: 172
- B: 154

- L: 75
- a: 18
- b: 17

C: 14 %
M: 40 %
Y: 36 %
K: 0 %

☐ 僅網頁色彩

\# e1ac9a

One Point

陰影顏色的挑選方式

決定陰影顏色時，先用〔滴管工具〕拾取原本的顏色，然後在那種狀態下，只要把顏色變更得更暗沉，就會比較容易了解吧！

---

5 一邊思考光源一邊塗上陰影

因為光源設定在左上方，所以陰影要畫在右側。另外，諸如衣服的陰影等等也要如下圖般仔細地繪製。上色時的筆刷尺寸要根據上色的位置來改變，小心謹慎地進行作業。

進行頭髮右側的上色，要注意上色和不上色的部分。

頭髮的尾端要配合頭髮的動向進行陰影的上色。

用筆刷畫出陰影

修改上色時，
就塗上原本的
顏色。

沿著頭髮，小心謹慎地上色。

在隨著身體飄動的衣
服加上細微的陰影。
留意光源，避免整體
有不協調的部分。

塗上緞帶和衣服的
陰影，注意不要過
分畫蛇添足。

繪製衣服的陰影。
因為是錯綜複雜的
部分，所以要仔細
地上色。

腳部的陰影。留意
光源來上色。

6 增加陰影圖層

　　陰影部分已經大致完成，不過還要進一步地添加濃郁的陰影，藉此提升插畫的質感。在〔陰影〕圖層的上方建立〔陰影2〕圖層。如同STEP3般設定剪裁遮色片。陰影的顏色用相同顏色也無妨。在密度較高的部分，以及衣服的內裡等部分加上陰影。

也在頭髮的邊緣部分等加上細膩的
陰影。

增加較濃郁的陰影

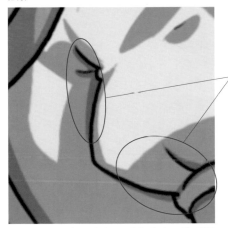

增加較濃郁的陰影

加上較小的陰影在衣服重疊或腋下等重疊
的部分。

設定為色彩增值

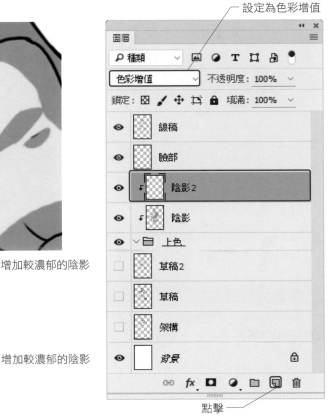

點擊

點擊〔建立新圖層〕，在〔陰影〕圖層的上方建
立〔陰影2〕圖層。與〔陰影〕圖層相同，設定
剪裁遮色片。

在緞帶交叉的位置上進行上色。
一邊使用〔縮放工具〕，一邊進行
調整。

裙子的重疊部分較多，所以要仔細地上色。

加上更濃郁的陰影後，更清楚看出質感的變化。

整體性地追加較濃郁的陰影。
層次感變得更加鮮明，同時更
顯現出立體的質感。

7 眼睛的上色

　　整體的上色完成了，不過眼睛的色彩太過明亮，必須調暗一些。選取〔眼睛〕圖層，選擇〔影像〕—〔調整〕—〔色相/飽和度〕。把明亮的數值設定為負數。輸入任意數值，色彩變暗之後，點擊〔確定〕。另外，利用〔繪圖工具〕選擇藍色，再用〔筆刷工具〕畫出「U」字型的瞳孔。

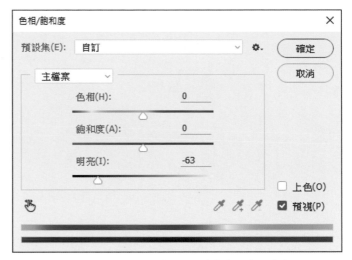

把明亮的數值設定為負數，一邊預覽一邊找出適當的濃度。

選取位在〔上色群組〕的〔眼睛〕圖層。資料夾呈現關閉時，只要點擊資料夾左邊的▼，就可以打開資料夾。

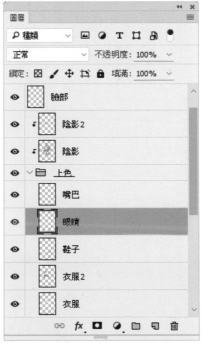

在暗沉的眼睛中，加上「U」字型的藍色瞳孔。

8 加上亮部

　　接著在「眼睛」加上亮部，製作出充滿生氣的表情。在〔線稿〕圖層的下方建立〔眼睛亮部〕圖層。用〔繪圖工具〕選擇白色，用〔筆刷工具〕在瞳孔部分加上亮部。

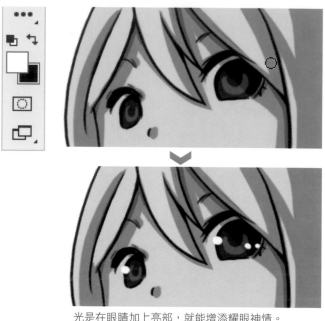

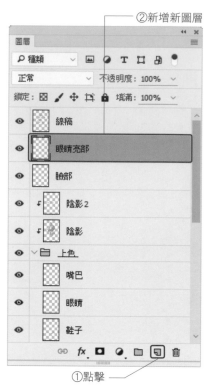

②新增新圖層

①點擊

光是在眼睛加上亮部，就能增添耀眼眼神情。

　　接著，在頭髮加上亮部。點擊〔建立新圖層〕，在〔陰影2〕圖層的上方建立〔亮部〕圖層。接著，就像STEP 3那樣，在選取〔亮部〕圖層的狀態下，選擇〔圖層〕選單－〔建立剪裁遮色片〕。然後，把混合模式變更為〔覆蓋〕。如此一來，準備就完成了。

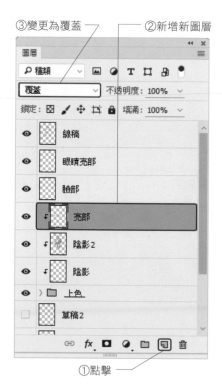

③變更為覆蓋

②新增新圖層

①點擊

如同眼睛的亮部一樣使用白色的筆刷，像是畫出「W」那樣在頭髮部分加上亮部。

在左側的領口部分加上亮部。

在髮尖加上亮部。

在頭髮加上亮部。

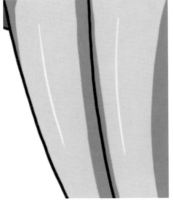

在相同的圖層中也對肌膚加上亮部。

One Point

Photoshop 的混合模式「覆蓋」

Photoshop 的混合模式「覆蓋」有「重疊、覆蓋」的意思，只要利用覆蓋這個混合模式重疊上圖層，就可以做出有趣的表現。「覆蓋」模式就是把「色彩增值」和「濾色」的功能加以組合後，所呈現出的效果。「色彩增值」由於是把上下圖層的顏色相乘後所表現出來的效果，因此合成後的影像會比原始影像更暗。另外，「濾色」則是色彩增值的相反，就是把上方圖層的反轉色和下方圖層的反轉色相乘，所以合成後的影像會比原始影像更明亮。

一般

色彩增值
變得比原始
影像更暗。

覆蓋
當下方圖層是暗色，就套用「色彩增值」，如果是明亮色彩，則會套用「濾色」模式。

9 在臉頰畫上紅色漸層

最後的潤飾，就是利用紅色漸層，在臉頰部分加上腮紅。在〔圖層〕面板的〔眼睛亮部〕的下方建立〔臉頰〕圖層。把混合模式設定為〔色彩增值〕。

設定為色彩增值

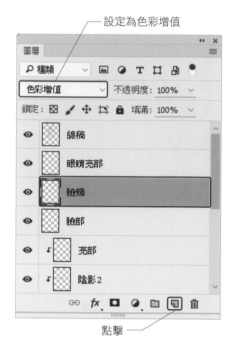

從〔工具〕面板中選擇〔筆刷工具〕，在〔選項列〕把〔柔邊圓形〕設定為92像素，畫出腮紅。

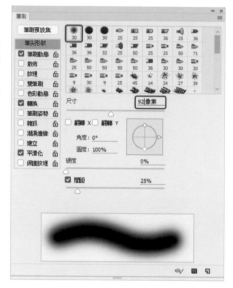

點擊

點擊〔繪圖工具〕，然後在〔檢色器〕中選擇紅色。

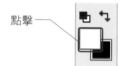

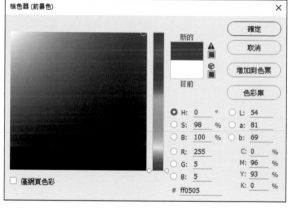

紅色的腮紅完成了。因為這樣的色彩太濃，所以還要進行調整。

060

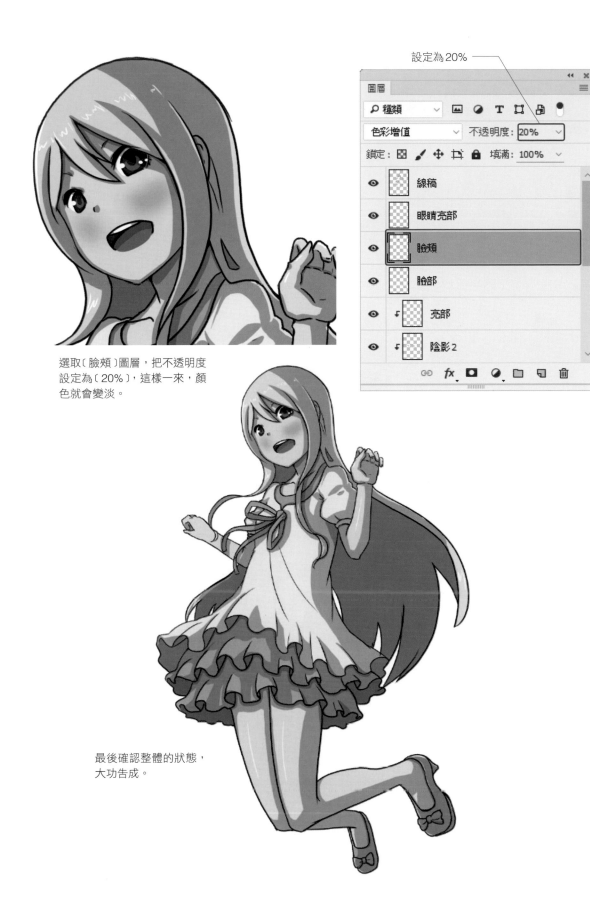

設定為20%

圖層

種類

色彩增值　不透明度：20%

鎖定：　　　　　　　填滿：100%

線稿

眼睛亮部

臉頰

臉部

亮部

陰影2

選取〔臉頰〕圖層，把不透明度
設定為〔20%〕，這樣一來，顏
色就會變淡。

最後確認整體的狀態，
大功告成。

光源的設定

描繪人物時，光源的設定是不可欠缺的要素。必須根據人物或背景等條件，設定出適當的光源。人物的陰影和亮部位置會因光源的不同而改變，必須多加注意！

逆光

側光

順光

所謂的逆光是指光源從被攝體的後方照射過來的光線狀態。雖然整體的影像會變暗，但是人物或建築物的輪廓則會變得更加明顯，此為逆光的特徵。如果感覺太過陰暗，只要稍微減弱陰影的色彩，應該就沒問題了。

希望描繪黃昏場景，或是營造人物的陰鬱氛圍時，建議採用這種光源設定。

從被攝體側面照射的光源就稱為側光。特徵是可以營造出立體感。

從人物的正面均勻照射的光源狀態。

因為整體會變得明亮，所以人物的站姿等構圖很適合採用。

Chapter 2

厚塗上色

Section 1 架構製作

Section 2 草稿製作

Section 3 線稿製作

Section 4 上色

Section 5 完稿

THICK PAINTING

CHAPTER 2 厚塗上色

從上方重疊塗上明亮部分和陰暗部分，藉此更能夠感受到立體感與層次感，就是所謂的厚塗上色。同時也學習顏色的使用方法吧！

厚塗上色的特徵

厚塗上色也是油畫等圖畫所使用的技巧之一。一邊增塗顏色在明亮部分和陰暗部分，一邊賦予強弱，藉此可以展現整體的層次感。另外，這也是一種立體描繪的手法，對人物的繪製是相當有效的技法。

Section

關於製作範例

　　此製作範例將以站立圖畫的姿勢進行繪製。顯示參考線，繪製線稿，接著進行各部位的上色。仔細地確認製作範例的顏色、強弱和陰影顏色等來進行作業吧！

Section 1

架構製作

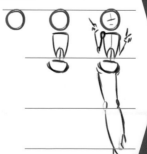

繪製站立圖畫的架構。一邊思考協調性，一邊決定姿勢吧！

Section 2

底稿製作

在架構的上方繪製輪廓。均衡地繪製整體的姿勢吧！

繪製底稿時的筆刷準備

最初，先進行筆刷的設定吧！從略粗的筆刷開始，階段性地縮小尺寸，逐步完成線稿。

從〔筆刷〕面板選擇〔筆刷工具〕。從選項列開啟〔筆刷〕面板，選擇實邊圓形。因為剛開始要繪製得略粗些，所以筆刷尺寸設定為42像素。

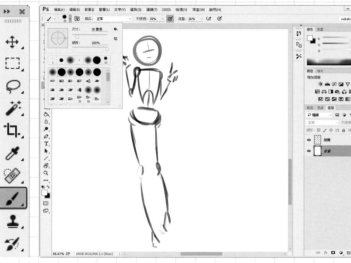

繪製簡筆人物畫時，要一邊思考協調性，一邊用略粗的筆刷進行繪製。

筆刷面板

設定筆的壓力時，要從〔視窗〕選單選擇〔筆刷〕。〔筆尖形狀〕中要勾選〔筆刷動態〕、〔轉換〕、〔平滑化〕。

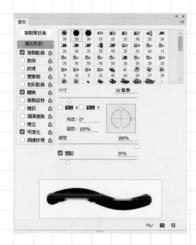

Section 3
線稿製作

用纖細的線條調整整體的輪廓。消除多餘的線條，只留下美觀的線條吧！

Section 4
上色

在頭髮、手腳、衣服等各部位進行上色。另外，陰影部分用色彩增值來重疊上色。

Section 5
完稿

進行多次的線條及上色修正。另外，還要增加陰影及眼睛的亮部。

THICK PAINTING

這個製作範例採用的是站姿圖畫,所以要設定參考線,均衡地繪製。只要以頭部、腰部、膝蓋和腳尖的4條參考線為基準即可。

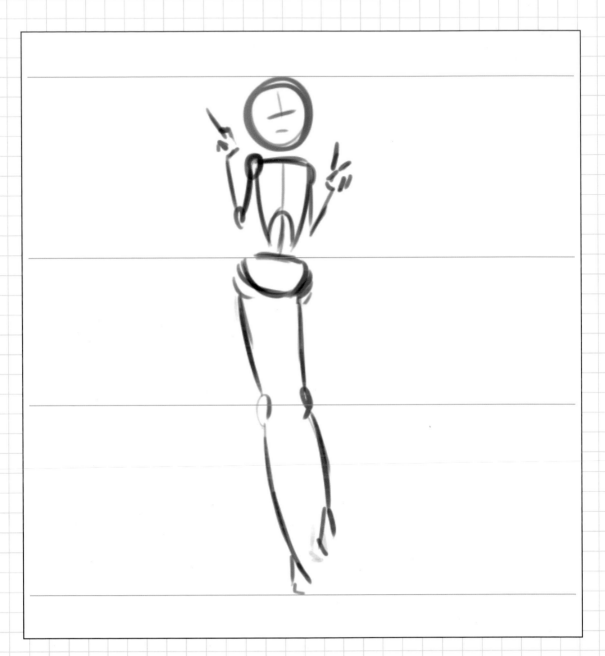

架構協調性的思考方法

參考線製作完成後,為了使頭部、腰部、膝蓋、腳尖符合大致的位置,將全身劃分4等分,檢討協調性。藉由沿著此參考線進行繪製,即可防止極端不自然的姿勢。

參考線製作的基本

製作參考線。最初是白紙的狀態，所以基本上要想像成4等分來進行。由於位置的修正是可以的，因此要一邊拉出參考線一邊調整。

準備參考線

選擇〔檢視〕選單的〔新增參考線〕，在〔新增參考線〕對話框中選擇〔水平〕。於是，文件上方就會出現藍色的參考線，接著，選擇〔工具〕面板的〔移動工具〕，把製作好的藍色參考線移動至下方進行配置。把這個做成4條吧！

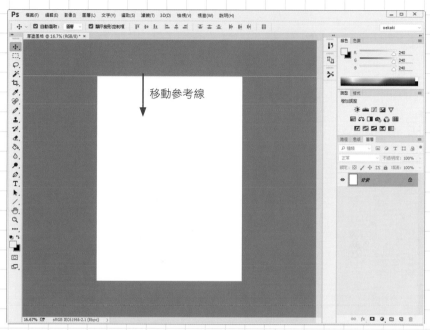

在此，以A4尺寸、300pixel/inch的設定來建立新檔案。

參考線的配置與移動

為了讓參考線的位置更加清楚，在此顯示了底稿。實際上，這4條線是在白紙的狀態下製作而成。粗略地把參考線的寬度配置成差不多相同！

架構製作

請注意
協調性喔！

首先，最初的步驟是製作架構。這個製作範例的簡筆人物畫是迎向正面的姿勢，所以只要巧妙地取得整體的協調性，完成的形狀就會變得容易想像。製作出參考線之後，從頭部開始依序繪製吧！另外，在此上色時要留意順光（光源從正面照射的狀態）的部分。

1 建立新檔

準備繪圖用的紙張。從〔檔案〕選單選擇〔開新檔案〕，並從顯示對話框的〔文件類型〕選擇〔國際標準紙張〕，尺寸為A4，解析度為300像素/英吋。點擊〔確定〕。

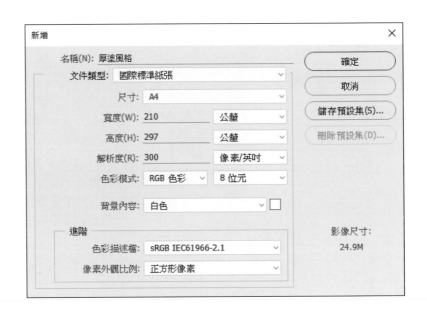

2 「架構」圖層的建立

為了依照各部位進行繪製，所以要先建立圖層。點擊〔圖層〕面板的〔建立新圖層〕。在此將圖層名稱命名為「架構」。接著，進行筆刷設定。

②新增新圖層

①點擊

3 製作架構

首先，用筆刷繪製「頭」的部分。從〔工具〕面板選擇筆刷，並且在〔筆刷〕面板中選擇〔實邊圓形〕，把筆刷尺寸設定為略粗的42像素。透過P67的步驟製作參考線，就像畫圓那樣從頭部開始進行描繪。

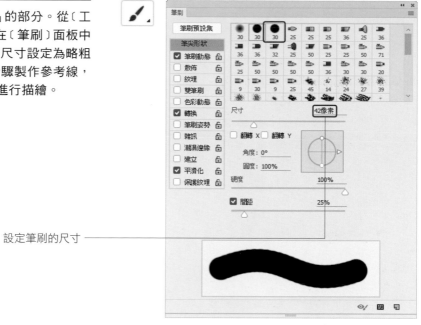

設定筆刷的尺寸

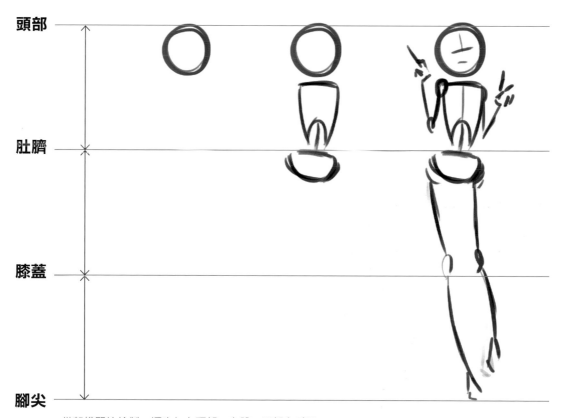

從架構開始繪製。逐步加上頭部、身體、腰部和手腳。

底稿製作

對簡筆人物圖繪製肌肉和衣服等。整體向左邊微傾，藉此表現出女人味。最初，請用較粗的線條確實地描繪輪廓。

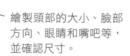

在架構上描繪整體的輪廓！

繪製頭部的大小、臉部方向、眼睛和嘴吧等，並確認尺寸。

在身體部分畫出衣服和緞帶。一邊在腰部的地方製作皺褶，一邊繪製出自然的身體線條。

使長髮飄逸的同時，為了也讓衣服能夠感受到動向，刻意製作數個重疊來展現。

底稿的基本說明

從只有架構的狀態開始，逐漸地畫出肌肉和衣服，接著一邊想像諸如人物的可愛演出一邊進行繪製。藉由底稿的描繪，可以展現出女性的輪廓。從略粗的線條開始逐漸地勾勒出纖細的線條，而不是突然地進行細膩繪製，這就是重點。

※為了更加淺顯易懂，這張影像刻意在線稿加上顏色。

1 調整「架構」圖層的不透明度

　　根據架構來繪製出人物。選擇〔圖層〕面板的〔架構〕,把填滿
設定為「25%」,底稿的顏色就會變淡。

設定為25%

選取

2 新增〔肌肉〕圖層和設定筆刷

　　為了繪製輪廓,建立新圖層。在〔圖層〕面板點擊〔建立新圖層〕,把名稱設定為「肌肉」。從〔工
具〕面板選擇筆刷,在〔筆刷〕面板中把筆刷尺寸設定為27像素。

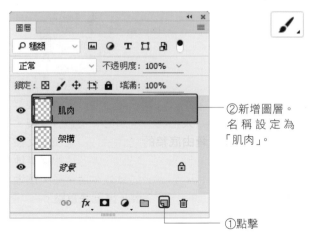

②新增圖層。
名稱設定為
「肌肉」。

①點擊

在顏色調淡的「架構」圖層上方,新增
繪製底稿用的「肌肉」圖層。

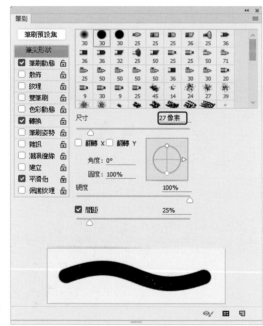

把筆刷尺寸調整得比架構時的
尺寸更細,進行線條的調整。

一旦突然繪製衣服，則會有如同手腳、身體尚未連接在一起般的奇怪協調性。因此，首先要在不繪製衣服下，先畫出裸體。在「肌肉」圖層被選取的狀態下，把架構當作參考來描繪出身體的輪廓。

從頭部開始，沿著身體描繪出輪廓。

完成整體的輪廓，從架構開始變成擁有肌肉的狀態。

一邊確認細節，一邊從頸部開始調整眼睛、嘴巴等部位。輪廓完成之後，就可進行衣服的繪製。

One Point

繪製輪廓的重點

輪廓是賦予肌肉並決定整體風格的作業。配合底稿的架構，用略粗的線條進行細部位置和傾斜的繪製吧！

4　進行線稿的準備

　　點擊「架構」圖層的眼睛圖示,把圖層設定為隱藏。接著,把〔肌肉〕圖層的填滿設定為〔25%〕。從此處開始把做好的輪廓淡化,然後以此當作參考,用較細的線條進行繪製。

填滿設定為 25%

設定為隱藏

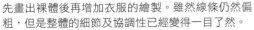

先畫出裸體後再增加衣服的繪製。雖然線條仍然偏粗,但是整體的細節及協調性已經變得一目了然。

架構的圖層設定為隱藏,並且讓繪製的輪廓變淡。以這個當作參考來繪製線稿。

線稿製作

以全身的輪廓為基礎，用較細的線條繪製線稿。
在此要仔細地繪製線條，避免殘留多餘的線條。
如果有畫錯的話，就用〔橡皮擦工具〕進行消除，
反覆地重畫吧！

請用細線仔細地
繪製輪廓喔！

注意眼睛的大小
和位置來繪製。

也要畫出緞帶和衣服的皺褶。
為了呈現出立體感，也要注意
皺褶的位置。

利用裙襬和頭髮來表現出動向。
這個動向的表現在上色的時候，
能夠發揮出效果。

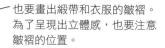

 ## 線稿的基本說明

線稿是指上色之前的狀態。將這
個線稿依照各個部位區分，再進行上
色。因此，如果有曖昧的線條或是協
調性不佳的話，就會直接影響到完稿
的品質，因此必須多加注意！

1 建立〔線稿〕圖層

製作線稿之前，先新增圖層。開啟〔圖層〕面板，點擊〔建立新圖層〕，把新增的圖層名稱設定為「線稿」。接著進行筆刷設定。

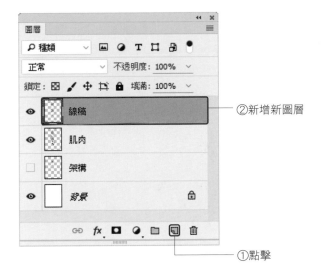

②新增新圖層

①點擊

2 設定筆刷

首先，用筆刷繪製「頭」的部分。從〔工具選單〕選擇筆刷，並且在〔筆刷〕面板中設定尺寸為11像素。參考底稿，一邊用較細的線整理輪廓，一邊進行繪製。筆刷會變細的關係，在此盡可能消除不需要的線條，並填補細部。

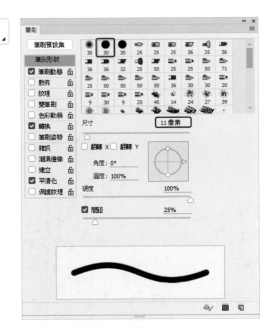

在此把尺寸設定為11像素。

線條變得比底稿更細。用筆刷謹慎地繪製輪廓。

3 繪製整體的輪廓

　　此線稿的關鍵在於僅用必要的線條繪製輪廓，並且調整整體的協調性。細部的重點就是使用〔旋轉檢視工具〕，讓圖畫本身旋轉或是放大來進行繪製。

對之後的上色作業來說，這張線稿的繪製是相當重要的作業。在多次拉線、清除並重作的同時，畫出乾淨俐落的線條吧！另外，要注意避免畫出顫抖的線條！

整體完成之後，進一步地確認是否有中斷的線條。

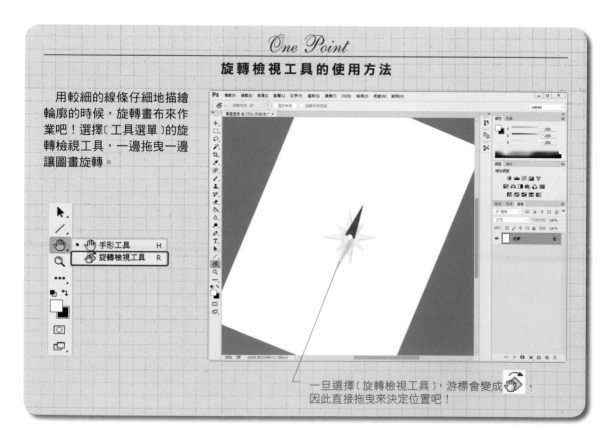

One Point

旋轉檢視工具的使用方法

　　用較細的線條仔細地描繪輪廓的時候，旋轉畫布來作業吧！選擇〔工具選單〕的旋轉檢視工具，一邊拖曳一邊讓圖畫旋轉。

一旦選擇〔旋轉檢視工具〕，游標會變成，因此直接拖曳來決定位置吧！

4 調整協調性

整體的線稿繪製完成後，把〔圖層〕面板的〔肌肉〕圖層設定為隱藏，進行確認。確定圖畫就算左右翻轉，也不會有半點的不協調性。

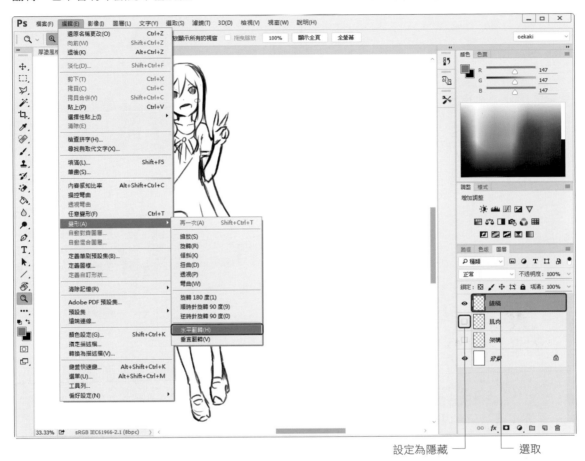

設定為隱藏　　　選取

在此，把畫好的線稿往水平方向翻轉，確認整體的協調性。以人物來說，一旦僅從單一方向檢視，往往容易變成偏倚的線條。因此，只要勇於從其他的角度來繪製，就會呈現出自然的圖畫。

5 微調各部位的位置

　　調整「頭」的形狀和「眼睛」的位置。從〔工具〕面板選擇〔套索工具〕，框選欲修改位置的部位，而選取的位置會被用虛線包圍起來。接著，利用〔移動工具〕進行拖曳，或是利用方向鍵進行移動。

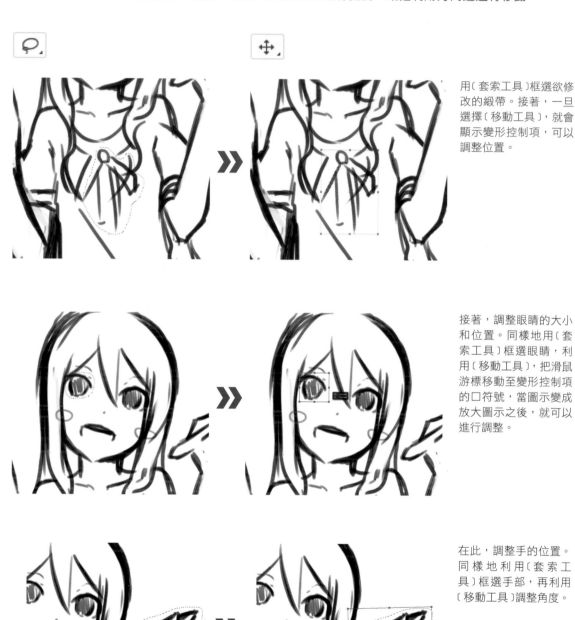

用〔套索工具〕框選欲修改的緞帶。接著，一旦選擇〔移動工具〕，就會顯示變形控制項，可以調整位置。

接著，調整眼睛的大小和位置。同樣地用〔套索工具〕框選眼睛，利用〔移動工具〕，把滑鼠游標移動至變形控制項的口符號，當圖示變成放大圖示之後，就可以進行調整。

在此，調整手的位置。同樣地利用〔套索工具〕框選手部，再利用〔移動工具〕調整角度。

6 確認協調性

　和STEP 4同樣地讓人物左右翻轉恢復成原狀。整體的協調性良好，完成漂亮的線稿，不過還要進一步地刪除多餘的線條。

放大後確認。發現裙襬部分的線條中斷，還有曖昧的線條，所以要加以修正。

修整手臂或肩膀等不順暢的線條、不需要的線條。

修整髮尖，整理中斷和重疊的線條。

7 線稿的最後作業

　　進一步地把線條調整得看起來更加美觀。把線稿圖層的填滿設定為25％，淡化線條。點擊〔建立新圖層〕，建立線稿2圖層，進行之後的作業吧！

②新增新圖層

①點擊

把線稿圖層的填滿設定為25％，淡化線條。

和之前同樣地進行線條的繪製。雖說採用相同的筆刷尺寸也沒關係，不過還是略細一點的尺寸會比較好。在這個階段中，還要進一步地消除掉所有多餘的線條。

底稿消失之後，只剩下
線條的部分。確實檢查
頭髮的動向、衣服的裙
襬、線條的分開處等細
節部分，進行修正吧！

線條的輪廓繪製完成
之後，在〔圖層〕面
板中，試著把之前當
作底稿顯示的線稿圖
層設定為隱藏。

最後的線稿完成了。線條也變得非常
沉穩、乾淨俐落。在線稿完成之前，
請參考底稿，不斷重複調整。像這樣
不斷嘗試，試著畫出具有個人風格的
圖畫吧！接著，進行上色。

♬ 上色 ♬

根據線稿進行上色。厚塗上色的特徵是利用重疊多種顏色、或是調暗陰影部分來表現出立體感。檢視完成的製作範例，試著觀察如何賦予顏色吧！

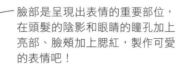

臉部是呈現出表情的重要部位，在頭髮的陰影和眼睛的瞳孔加上亮部、臉頰加上腮紅，製作可愛的表情吧！

緞帶的關鍵在於位配置的方式，以及陰影的置入方式。這是引起注目的要素，所以也要注意顏色的協調性。

裙襬部分有許多皺褶重疊，所以是難以掌握光影協調性的部分。只要組合數個濃度不同的陰影模式，就能做出自然的表現。

厚塗上色的基本說明

在不區分圖層的情況下進行上色，正是厚塗上色的特徵。在線稿的下方建立上色圖層，先以粗略的感覺塗上基本顏色，並且利用圖層的混合模式「色彩增值」加上陰影。之後，把背景以外的圖層加以合併。可以更容易調整、修整輪廓，就是合併的優點；缺點則是就算不進行修正，也會影響到沒問題的部位。因此只要視狀況需要，區分部位來進行繪製即可。

▌建立新圖層

　　建立新的「上色」圖層，塗上整體的基本色。在畫了線稿的「線稿2」圖層的下方，建立上色用的「上色」圖層。選取「線稿」圖層，點擊〔建立新圖層〕。圖層建立完成後，把名稱設定為「上色」。

①選取線稿圖層

②點擊

新增圖層後，把名稱變更為「上色」。

新圖層會建立在選取圖層的正上方。在此希望把「上色」圖層建立在「線稿2」和「線稿」之間，所以要在選取「線稿」圖層的狀態下，點擊〔建立新圖層〕按鈕。

One Point

圖層的位置

　　如果把圖層建立在線稿圖層的上方並進行上色，線稿的線條就會被遮住而看不見線條。在此要一邊檢視線稿一邊進行上色，所以必須把上色圖層配置在線稿的下方。

② 設定膚色

顏色可以自行決定，不過在此還是要介紹一下所使用的顏色。顏色可以在〔顏色〕面板中指定數值，也可以利用〔工具〕面板的〔繪圖工具〕，一邊檢視顏色一邊進行選用。另外，在作業過程中，希望再次採用相同顏色時，可以利用〔滴管工具〕拾取顏色，或是用數值輸入的方法。

進行膚色的設定。點擊〔繪圖工具〕，開啟〔檢色器〕，輸入〔R:255 G:230 B:205〕。

輸入數值

最初先把上色筆刷的尺寸設定為59像素。可是，遇到比較細微的邊界部分或狹窄的場所時，請自行變更尺寸。另外，上色時也會有超出範圍的時候，先不要理會超出範圍的部分，一口氣完成上色吧！

輸入59px

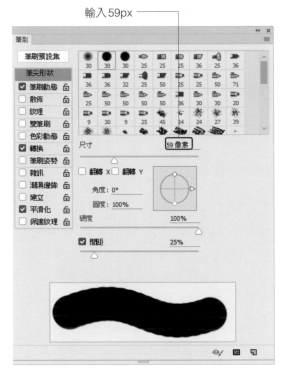

設定為59px。若是狹窄的邊界，請變更尺寸來上色。

One Point

厚塗上色的筆刷設定

從上方開始重疊上色，正是厚塗上色的特徵。因此，要依照各上色的部位來改變筆刷的尺寸，利用比較容易上色的尺寸進行作業。

筆刷尺寸：30px　　　筆刷尺寸：15px

3 肌膚和頭髮的上色

在選取上色圖層的狀態下,進行上色。「臉部」和「手腳」都是用相同的顏色上色。塗抹狹窄的場所或線條的末端時,則要一邊使用〔縮放顯示工具〕一邊進行上色。

放大臉部,進行上色。就算超出範圍也沒有關係。

不要理會衣服下襬的線條,上色範圍要延伸至腳的上方。日後衣服上色時,則要盡量做到沒有上色不完全。

進行「頭髮」部分的上色。由於臉部和頭髮的距離相當接近,所以這個部分的上色要避免超出範圍。間隔較狹窄的時候,就先把筆刷尺寸縮小,再進行上色。

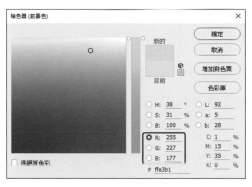

進行頭髮的上色。點擊〔繪圖工具〕,決定頭髮的顏色。在此設定為〔R:255 G:227 B:177〕。頭髮的上色要避免超出輪廓的外側。

4 衣服的上色

　　繼頭髮和臉部之後，進行衣服的上色。一開始只需要進行各個部位的上色，同時避免顏色超出範圍，所以並不是太過困難的作業。顏色可依照個人喜好進行選用，而在此所使用的顏色如下所示。之後的作業就是賦予陰影，接著進一步地從上方進行上色，這就是厚塗上色的基本方式。這個基本的顏色將會成為最後的人物影像，所以只要用暖色系加以統合，預先決定好配色的方向性即可。

頭髮的顏色

R 255
G 227
B 177

〔R：255　G：277　B：177〕

臉部、手腳的顏色

R 255
G 230
B 205

〔R：255　G：230　B：205〕

緞帶的顏色

R 249
G 148
B 138

〔R：249　G：148　B：138〕

衣服的顏色

R 255
G 205
B 200

〔R：255　G：205　B：200〕

鞋子的顏色

R 248
G 143
B 132

〔R：248　G：143　B：132〕

5 準備陰影圖層

　　在〔圖層〕面板中點擊〔建立新圖層〕，在「草稿2」的下方建立陰影圖層。「草稿2」是最後繪製的線稿。接下來要在那個線稿的下方進行繪製。透過右圖來確認在哪裡繪製陰影吧！

One Point

移動圖層

　　重疊上色的時候，要依照各部位建立圖層來進行作業。即便是臉部也要建立多個圖層，或是為了作業方便，自行決定規則。在此要建立陰影圖層，並把圖層移動至線稿「線稿2」圖層的下方。另外，不需要的圖層就點擊眼睛的圖示，設定為隱藏後再進行作業吧！

圖層	◀◀ ✕
🔍 種類 ∨ 🖼 ◯ T 🏷 🔲 ●	
正常 ∨ 不透明度：100% ∨	
鎖定：🔲 🖌 ✛ 🏷 🔒 填滿：100% ∨	
👁 ▦ 陰影	——— 移動圖層
👁 ▦ 線稿2	↓
👁 ▦ 上色	
☐ ▦ 線稿	
☐ ▦ 肌肉	
☐ ▦ 架構	
👁 ⬜ 背景 🔒	
⊖ fx ◼ ◯ ▢ 🗑	

»»»

圖層	◀◀ ✕
🔍 種類 ∨ 🖼 ◯ T 🏷 🔲 ●	
正常 ∨ 不透明度：100% ∨	
鎖定：🔲 🖌 ✛ 🏷 🔒 填滿：100% ∨	
👁 ▦ 線稿2	
👁 ▦ 陰影	
👁 ▦ 上色	
☐ ▦ 線稿	
☐ ▦ 肌肉	
☐ ▦ 架構	
👁 ⬜ 背景 🔒	
⊖ fx ◼ ◯ ▢ 🗑	

6 設定陰影的顏色

　確認陰影位置和形狀之後，進行顏色的設定。陰影的部分就利用〔工具〕面板的〔滴管工具〕來拾取原始的顏色，利用檢色器設定較暗的顏色。右邊的人物是賦予陰影的狀態。在此賦予陰影的部分是臉部周邊、手臂、頭髮，以及從身體到腳部都要仔細地上色。一邊參考右邊的製作範例，一邊進行上色吧！

在選擇陰影圖層的狀態下，
用〔滴管工具〕點擊陰影繪製
的部分。

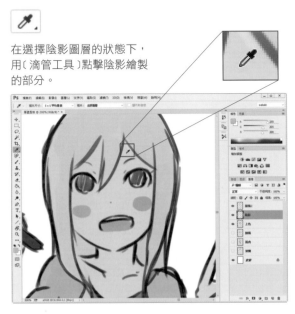

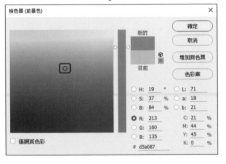

從原始的顏色變更成
較暗的顏色。於是，
顏色就設定完成了。

從頭髮到頸部繪製陰影。

用30像素的〔筆刷工具〕進行上色。

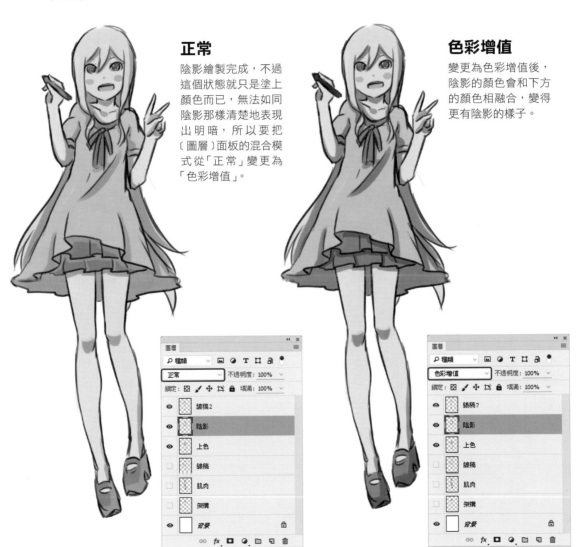

正常

陰影繪製完成,不過這個狀態就只是塗上顏色而已,無法如同陰影那樣清楚地表現出明暗,所以要把〔圖層〕面板的混合模式從「正常」變更為「色彩增值」。

色彩增值

變更為色彩增值後,陰影的顏色會和下方的顏色相融合,變得更有陰影的樣子。

COLUMN

混合模式的種類

　　混合模式是在有多個圖層的狀態下,可以用某種形式讓下方影像和上方影像合成的功能。繪製人物時,設定「色彩增值」在塗上較暗顏色的部位,諸如陰影的部分等。透過這個色彩增值的設定,就可以讓陰影顏色和基本顏色交疊,進而做出較暗的顏色。

改變頭髮、肌膚相關的陰影部分的圖層模式。

一般

色彩增值

加深顏色

線性加深

濾色

加亮顏色

線性加亮(增加)

覆蓋

柔光

實光

小光源

明度

COLUMN

7 調整陰影的飽和度

選擇〔圖層〕面板的「陰影」。雖然之前已經用色彩增值調暗了色彩，不過還要進一步地微調整。選取「陰影」圖層，從〔影像〕選單選擇〔調整〕－〔色相/飽和度〕。在開啟的對話框中，改變飽和度的數值，使其稍微明亮點。在此把數值設定為+46，只要事先勾選預視，就可以即時確認顏色，調整出適當的感覺。

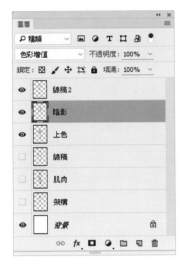

檢視原始影像，感覺陰影部分像是融入全體，沒有半點突兀。

一邊用預視進行確認，一邊調整飽和度的數值吧！按下〔確定〕，關閉對話框之後，希望再次修改時，畫面的數值會全部變成零，所以要多加注意！

利用陰影顏色改變印象

　　陰影的處理是重要的關鍵，甚至會改變人物的印象。本書是透過在完成陰影上色後把混合模式變更成「色彩增值」的方法來進行解說。這是因為僅把較暗的顏色塗在原始的顏色上，很難重現出理想的陰影。色彩增值是用來把陰影顏色相乘於原始顏色的上方的方法，不過僅用這個仍稱不上完成，還要進一步利用〔色相／飽和度〕的功能來調整色彩，進一步地提高完成度。

正常

假定之後使用色彩增值，就設定比原始顏色微暗的顏色。

飽和度＋60

陰影設定色彩增值之後，進一步地把飽和度設定為60，使其更鮮豔。

飽和度－60

陰影設定色彩增值之後，進一步地把飽和度設定為-60，使其更暗沉。

完稿

小心、謹慎地
完稿吧！

接下來要進入完稿作業。先回顧一下之前的製作程序，確認是否沒有問題？欲修改細微部分時，就把影像放大來進行線條的調整。另外，進行上色的修正時，就用〔滴管工具〕拾取原始的顏色，再從上方重新上色。

I 合併圖層

　　完成某種程度的形狀後，進行圖層的整合。一邊按住〔shift〕鍵，一邊選取〔圖層〕面板的「上色」、「陰影」、「草稿2」圖層。選擇〔圖層〕選單－〔合併圖層〕。如此一來，3個圖層就會合併成名為「草稿2」的單一圖層。把草稿2圖層的名稱變更為「人物」，日後就用「人物」圖層進行修正。

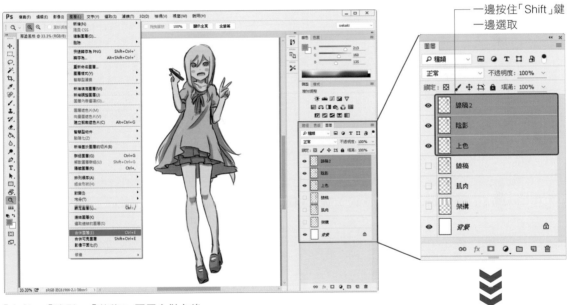

一邊按住「Shift」鍵
一邊選取

「上色」、「陰影」、「草稿2」圖層合併之後，就無法依照各部位修正畫在不同圖層上的圖畫或陰影，事後也沒有辦法修改陰影位置或是改變顏色，所以要多加注意！

把名稱變更為
「人物」

2 修整頭髮

　　在選取「人物」圖層的狀態下，用筆刷修整頭髮。主要的修整重點在於用〔橡皮擦工具〕刪除多餘的線條，並且從上方修補中斷的線條、線條重疊狀態複雜的位置等。因為圖層已經合併，所以要反覆地重新補色、消除線條。

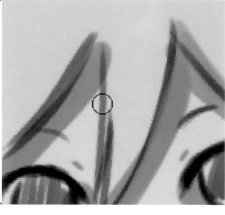

一邊配合線條的粗細，一邊進行局部的修正。線條較不明確的地方，就從上方進行補繪。因為是在「人物」圖層中進行繪製，所以無法刪除底稿進行修正。

諸如眼睛和頭髮的縫隙，就試著改變筆刷尺寸來進行繪製吧！

整理髮尖。髮尖不夠一致，或是線條重疊的部分，就從上方畫出漂亮的線條。

修改陰影。用〔滴管工具〕拾取陰影顏色後，
像是用筆刷臨摹那樣進行修改。另外，欲減
少陰影時，拾取頭髮的顏色，像是消除陰影
那樣進行修改。

調整頭髮的線條和髮量等。

用頭髮的顏色調整頭髮的線稿。

One Point

瞬間改變筆刷尺寸

　　用筆刷修改線條和上色的時候，就會變成
屢次改變筆刷尺寸的作業。而遇到那種場
合，就使用快速鍵吧！利用〔筆刷工具〕＋
〔〕〕（擴大），或〔筆刷工具〕＋〔〔〕（縮小），
就可以瞬間地改變筆刷尺寸。

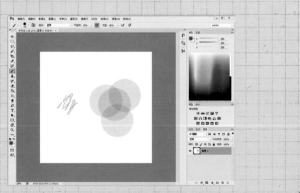

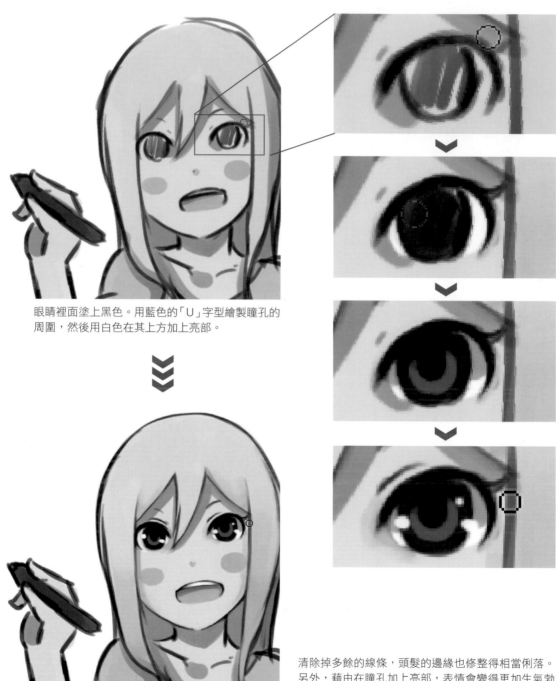

3 調整眼睛

　　放大眼睛部分，漂亮地修整吧！用黑色繪製眼睛的輪廓和瞳孔，用較細的筆刷進行上色吧！因為眼睛鄰接著其他的部位，所以要慎重地作業。如果不小心畫錯，就從上方重新塗上原始的顏色吧！

眼睛裡面塗上黑色。用藍色的「U」字型繪製瞳孔的周圍，然後用白色在其上方加上亮部。

清除掉多餘的線條，頭髮的邊緣也修整得相當俐落。另外，藉由在瞳孔加上亮部，表情會變得更加生氣勃勃。

為了呈現濃淡，側面也加上了灰色。

4 調整頸部

　　調整頸部和鎖骨的線條。鎖骨的線條先暫時塗上陰影的顏色，然後再調整肌膚部分和陰影部分的範圍吧！

拾取肌膚的顏色，從上方重疊上色，調整陰影的範圍。

陰影的邊緣變細了。檢視協調性，調整肌膚和陰影的範圍。

5 調整緞帶

　　一旦試著放大緞帶，線條沒有連串或是線條太粗，都會感到不協調。像是從上方重疊上色那樣進行調整吧！

緞帶的形狀沒有一致，所以要加以修整線條。

沿著輪廓修補緞帶的顏色，並且用黑色線稿調整緞帶的形狀。

為了讓線條日益自然，一邊塗上緞帶的顏色一邊調整線稿的粗細。

大致調整完成了。一旦局部地塗上較濃的顏色和較淡的顏色，就可以增添質感。

6 修整手部

把粗線條的指尖修整得更漂亮。手指的形狀和手掌陰影的協調性也仔細地繪製，調整整體的線條弧度。

  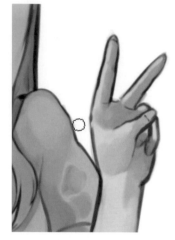

修整手部的形狀。　　　　　　調整線條的粗細和陰影的位置。　　構成漂亮的手部形狀。一邊加深色彩，一邊進行上色吧！

7 修整衣服的皺褶

為了展現衣服皺摺的質感，要進一步地增補顏色。安排不同濃度的衣服顏色和陰影的位置，利用上色方式表現出衣服的立體描繪。

最初的階段是沒有太多強弱的單調影像，然後再進行顏色的增添。

陰影部分和衣服的皺褶形狀變得更加自然了。

衣服邊緣的線條也要仔細地修整。

在左側面和右側面進行線條的修整。左側因為光線照射到，所以要消除邊緣的線條，只用顏色來進行修整。

8 修潤頭髮

最後，整體的上色完成之後，加上頭髮的線條和亮部，即大功告成。

像是在頭髮上繪製 V 或 W 那樣加上亮部。

調整長髮的線條。不僅是粗線條，採用具有強弱的線條吧！

諸如衣服的重疊上色和頭髮的線條也都漂亮地完成。腳部再加上略為明亮的色彩之後，厚塗上色即完成。

方便、好用的快速鍵

　　繪製人物時，要進行多次的描繪、刪除作業。進行該作業之際，每逢從畫好的上方開始變更顏色、重疊上色，都必須不斷地重覆開啟〔顏色〕面板或是色票，這會使作業變得非常有壓力。遇到這種時候，使用快速鍵會讓作業更加順暢吧！

從檢色器選擇前景色　**快速鍵**　繪圖工具 +〔Shift〕+〔Alt〕+ 右鍵點擊

使用〔筆刷工具〕時，希望改變顏色來上色的時候，這種快速鍵相當好用。

使用滴管工具，從人像中選擇前景色　**快速鍵**　繪圖工具 +〔Alt〕

使用〔筆刷工具〕時，想要拾取顏色並塗在其他部位的時候，只要使用這種快速鍵，就可以馬上拾取顏色。

切換混合模式

快速鍵　正常：〔Shift〕+〔Alt〕+〔N〕鍵　　色彩增值：〔Shift〕+〔Alt〕+〔M〕鍵

描繪陰影的時候，可以輕易地把混合模式變更為「色彩增值」。陰影上色時，若想要確認陰影的濃度，相當地便利。

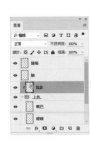

Chapter 3

水彩風上色

Section 1　掃描草稿

Section 2　線稿的加工和匯入

Section 3　上色

Section 4　上色圖層的加工

Section 5　質感的調整

WATERCOLOR PAINTING

CHAPTER 3 水彩風上色

試著用粉彩般的筆觸繪製人物。在此要使用Photoshop的預設筆刷和濾鏡，表現出手繪質感。

水彩風上色的特徵

水彩風上色並非像厚塗上色那樣採用數次重疊上色的手法，而是以如同溶於水的畫具般、具有不均勻的淡色調進行繪製的類型。試著用濾鏡簡單製作出宛如手繪般的滲透效果吧！在此解說水彩風上色的基本。

水彩風上色的Section

關於製作範例

透過掃描匯入草稿，僅就線稿的描寫作業開始進行解說。整個製作流程將依照1掃描、2線稿的匯入、3匯入線稿的除塵、4上色、5加工來進行。

Section 1
掃描草稿

掃描手繪在紙上的草稿並載入。

Section 2
線稿的加工和匯入

使用色階功能，把載入的草稿調整成乾淨的線稿。同時，一併刪除髒汙。

水彩風上色所不可欠缺的就是濾鏡功能。Photoshop 備有許多加工影像用的濾鏡，水彩風上色同樣也要使用那些濾鏡來製作出水彩描繪般的效果。欲使用濾鏡時，選擇〔濾鏡〕選單－〔濾鏡收藏館〕。接著，選擇〔藝術風濾鏡〕－〔塗抹繪畫〕，套用效果。右圖是套用濾鏡的範例。

 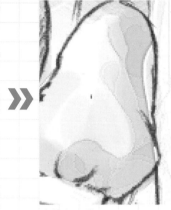

濾鏡套用前　　　　　　濾鏡套用後

描繪水彩時的筆刷準備

欲有效地表現出水彩時，用尺寸約為80像素的筆刷來繪製即可。另外，衣服的皺褶等則用20像素左右的筆刷進行上色。

筆壓的設定

設定筆壓。在筆尖形狀勾選〔轉換〕和〔平滑化〕，把〔大小快速變換〕、〔不透明快速變換〕、〔流量快速變換〕全部設定為〔筆的壓力〕。

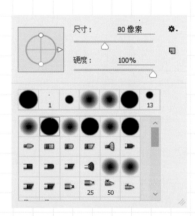 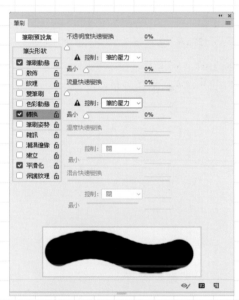

Section 3	Section 4	Section 5
上色	**上色圖層的加工**	**質感的調整**

用略粗的筆刷和淡色調賦予顏色。分別運用輕拍、輕刷的方式進行上色。

把濾鏡套用在上色的圖層。勇於做出不均勻，適當營造出手繪感。

為了進一步地呈現出手繪感，掃描紙張，把混合模式設定為「色彩增值」，進行合成。

THICK PAINTING

水彩風上色的基本

活用手繪的線稿並使用濾鏡，如同水彩畫般地進行上色。刻意讓顏色超出線稿，或是和其他部位的顏色混在一起，藉此營造出手繪感。

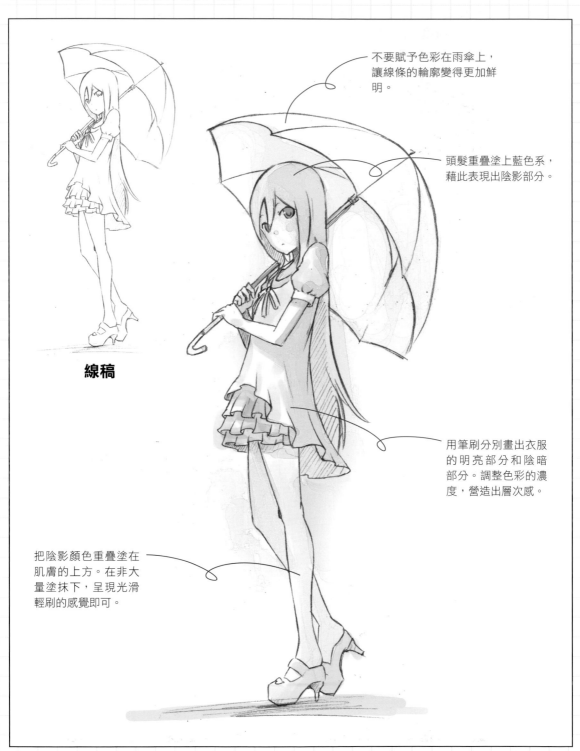

不要賦予色彩在雨傘上，讓線條的輪廓變得更加鮮明。

頭髮重疊塗上藍色系，藉此表現出陰影部分。

用筆刷分別畫出衣服的明亮部分和陰暗部分。調整色彩的濃度，營造出層次感。

把陰影顏色重疊塗在肌膚的上方。在非大量塗抹下，呈現光滑輕刷的感覺即可。

線稿

手繪草稿的畫法和注意要點

手繪草稿的畫法和注意要點

用手繪方式繪製人物時，和用電腦繪製的方式有點不同，有時會以自己的視線位置來把透視法套用在圖畫上。因此，畫到某一程度後，要從正上方去進行確認！另外一個注意要點，即是無法像使用Photoshop進行作業時那樣，畫錯了也可以還原。用橡皮擦消除畫好的線稿，會把稿紙弄髒，所以盡可能在決定好姿勢等構圖之後，再進行線稿的繪製吧！

①不要使用方格紙

繪製線稿的紙張千萬不要使用方格紙等含有線條的製品。事後掃描時，會造成麻煩。

②注意協調性

和用Photoshop繪製時不同，因為沒辦法把線稿左右翻轉，所以要透過圖畫確認協調性。

One Point

解析度

　　只要試著把照片等影像放大，就可以清楚看到影像是由「點」所構成的。這個「點」的密度就是「解析度」，它是用「dpi（dots per inch）」這種單位來加以標示的。解析度越高，就越能呈現出細膩影像。相反地，如果把解析度較低的影像放大，顆粒般的「點」就會變得更加明顯。一般來說，印刷品所採用的解析度是300～350dpi左右，Web設計的情況則是採用72dpi。

4×5cm的72dpi影像。

4×5cm的300dpi影像。

掃描草稿

開始掃描手繪稿!

使用掃描器把畫在畫冊上的線稿匯入。線稿最好是盡可能保持沒有半點髒污的狀態。另外,要注意到線稿的尺寸也不要太小,同時也為了不讓手繪線條過粗,作業時要確認整體是否均衡繪製。

1 載入掃描影像

用掃描器把手繪的草稿載入。

解析度設定為300～350pixel/Inch。在讀取影像後,用Photoshop開啟。開啟掃描影像後,為了能夠編輯,事先解除掉背景圖層的鎖定。

載入掃描影像。

啟動Photoshop,從〔檔案〕選單-〔開啟舊檔〕選擇掃描影像,開啟檔案。一旦載入影像,影像會被載入在名稱為背景的圖層中。

點擊背景圖層的鎖頭圖案來解除鎖定,把名稱設定為「掃描影像」。選擇〔影像〕選單-〔影像尺寸〕,確認尺寸是否為A4,解析度是否為300pixel/inch。如果不是,就要進行變更。

線稿的加工和匯入

清除掃描影像的髒汙！

掃描的影像裡有許多髒汙，無法直接使用。因此使用色階來消除髒汙，進行線稿的修整吧！

1 修整掃描影像

　　使用色階功能，讓掃描影像的線條更加鮮明。選擇〔影像〕－〔調整〕－〔色階〕。在〔色階〕對話框中，把中間點（分歧點）往右挪移，使線條逐漸增濃。把右側的▲（分歧點）往左挪移，把白色調整得更白，黑色調整得更明顯。調整時，要避免線稿出現飛白的狀態。儘管如此，仍有無法清除般的髒汙，則用〔套索工具〕加以選擇刪除吧！

髒汙

髒汙

2 線稿的調整

開啟〔色版〕面板，點擊〔載入色版為選取範圍〕。若直接進行下去，背景的白色部分也會被選取，所以要把選取範圍反轉。選擇〔選取〕選單－〔反轉〕，藉此僅有線稿會被選取。

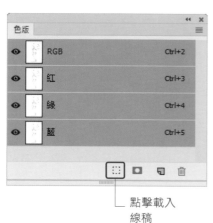

點擊載入
線稿

線稿被選取的狀態

3 拷貝圖層

選擇〔編輯〕選單－〔拷貝〕，拷貝線稿。在〔圖層〕面板中點擊〔建立新圖層〕，把建立的圖層名稱設定為「線稿」。接著，選擇〔編輯〕選單－〔貼上〕，把拷貝的線稿貼在線稿圖層。

貼上線稿

把選取的線稿貼在線稿圖層

4　新增圖層

為了讓貼上的線稿看起來更潔淨，要在線稿的下方新增白色圖層。點擊〔建立新圖層〕，把新圖層設定為「白色」圖層，配置在線稿圖層的下方。白色圖層就是用〔油漆桶工具〕事先來填滿白色吧！另外，掃描影像圖層則要點擊眼睛的圖示，設定為隱藏。

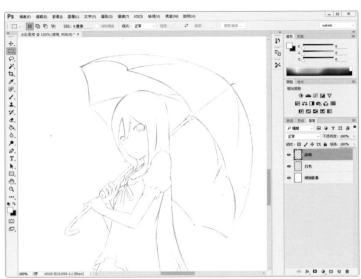

5　補正線稿的顏色

因為線稿的顏色很淡，所以要選擇〔影像〕選單－〔調整〕－〔色相/飽和度〕，調降明亮。一邊觀看預視畫面，一邊進行調整。如果有不要的髒汙，就預先清除吧！

線稿的顏色
變濃了。

上色

以抽取出來的線稿為基礎，進行上色吧！塗上水彩畫般的粉彩，就可以演繹抽象的世界觀。重點在於筆刷的設定和色彩。

1 設定圖層和筆刷

在線稿圖層的下方建立新的「上色」圖層後，進行上色。開啟〔圖層〕面板，點擊〔建立新圖層〕，建立「上色」圖層。為了做成水彩風上色，圖層要設定為〔不透明度：60%〕。從〔工具〕面板選擇〔筆刷工具〕，在〔筆刷〕面板中設定為〔尺寸：80px〕、〔硬度：100%〕，完成筆刷的準備。

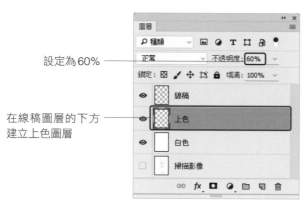

設定為60%

在線稿圖層的下方建立上色圖層

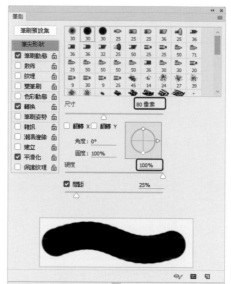

2 在〔顏色〕面板中設定顏色

因為要塗上水彩的淡色系，所以要選擇較淡的顏色。顏色自由地設定，在此的設定如下所示。

水彩風上色除了淡色之外，也會混合好幾種顏色，所以要注意避免呈現出汙濁的狀態。

頭髮：R：206 G：216 B：216
衣服：R：234 G：222 B：223
陰影：R：225 G：221 B：196

3 賦予顏色在線稿上

　利用設定好的略粗筆刷，用較輕的筆壓光滑地塗抹上去。就算超出線稿也沒有關係，持續進行上色吧！

只要用筆刷輕拍，就能呈現出滲透感。

淡色系一旦相疊，就能夠製作出較濃的顏色。

增加顏色數量，不斷地重疊上色。上色的程度適量即可，避免顏色混合太多而變得汙濁。

顏色超出線稿的時候，就如同厚塗上色時那樣，從上方塗上超出部分的顏色，進行調整。在沒有完全消除的情況下，殘留些許淡淡的滲透顏色，也是呈現出手繪感的重點。

首先，用淡粉紅色進行衣服的上色。並非全部均勻地上色，照射到光的部分要刻意留白。

進行腳和鞋子的上色。如同形成些許不均勻那樣用較細的筆刷進行上色。

4 改變顏色

　　水彩風上色只要一邊變化顏色一邊重疊上色，就可以產生更具風味的顏色。一旦以基本的顏色為基礎，把陰影的部分塗暗一點，或是賦予濃淡在衣服飄逸處，就可以製作出更有層次感的水彩畫。

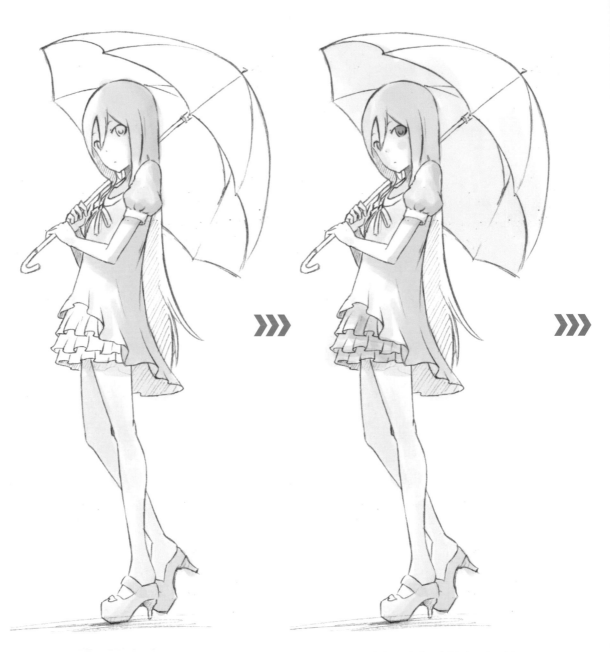

頭髮部分用藍色系上色，甚至增添顏色在衣服和腳部的陰影上。

和頭髮一樣也在雨傘的內側塗上同色系的顏色。稍微賦予強弱在顏色上吧！

　重疊上色來展現出層次感。重疊上色的時候，要利用〔滴管工具〕拾取上色部分的顏色，將其稍微調濃或調淡來決定顏色。偶爾也可以大膽地塗上不同的顏色。如果畫錯了，就從上方塗上顏色，恢復成原本的狀態。在沒有完全消除下，就算是彷彿輕微滲透般地殘留，也可以展現出手繪感。

陰影的顏色並非只是賦予較濃的顏色而已，還要注意到反射光，也可以試著重疊上其他的顏色。

最後，還要一邊注意顏色的協調和強弱，一邊進行調整，避免顏色太過單調。

上色圖層的加工

漂亮地上色了嗎？接著要使用濾鏡囉！

上色完成後，使用 Photoshop 的濾鏡功能稍微進行加工。

1 開啟濾鏡收藏館

　　為了呈現出水彩畫的氛圍，要套用 Photoshop 的濾鏡在「上色」圖層中所繪製的上色。開啟〔圖層〕面板，拷貝上色圖層。把上色圖層拖曳到〔建立新圖層〕，拷貝建立出〔上色2〕圖層。選取〔上色2〕圖層，選擇〔濾鏡〕選單－〔濾鏡收藏館〕。

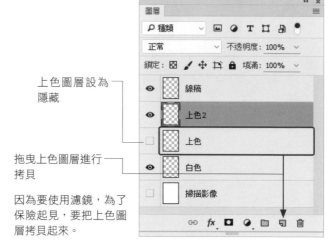

上色圖層設為隱藏

拖曳上色圖層進行拷貝

因為要使用濾鏡，為了保險起見，要把上色圖層拷貝起來。

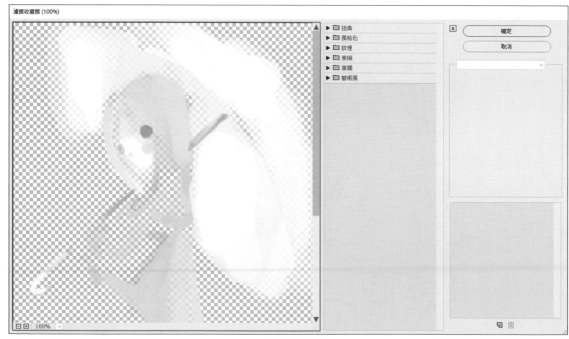

2　套用濾鏡

　　濾鏡收藏館裡面備有〔藝術風〕、〔素描〕、〔紋理〕等各種效果。在此希望讓「上色」呈現出不均，所以要選用〔藝術風〕－〔塗抹繪畫〕這個濾鏡。

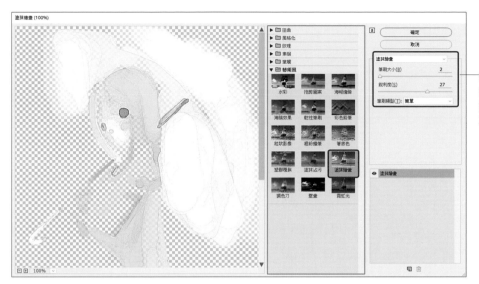

採用筆刷大小：2、銳利度：27的參數設定。製作出上色不均的感覺。

藉由濾鏡的套用，就能重現僅靠上色難以表現的微妙描寫，呈現出斑駁、不規則的表現。

套用濾鏡前　　　　　　　　　　　　　　　套用濾鏡後

3 修正不均

拷貝「上色2」圖層，設定為「上色3」圖層。把「上色2」圖層設定為隱藏。套用濾鏡後，確認整體的套用情況，修正有問題的部分。覺得不均較弱的部分，就加以補強；覺得太強烈的位置，就從上方塗抹顏色，使其相互融合。另外，還要在眼睛加上亮部。

拾取顏色，修正不均。在選擇〔筆刷工具〕的狀態下，一邊按下〔Shift〕+〔Alt〕鍵，一邊在影像上方點擊右鍵，透過檢色器挑選顏色。

感覺哪裡略顯不足，或是想要強調手繪效果的時候，就用筆刷進行添繪。為了營造出手繪感，儘管可以隨意添繪，不過仍要注意避免過度。

4 進一步地修正不均

在上色3圖層的下方建立新的圖層，稍微地賦予顏色，想要增添一些氛圍。點擊〔圖層〕面板的〔建立新圖層〕，在上色3圖層的下方建立不均修正圖層。透過這個圖層完成修正後，就如同和STEP2一樣地套用「塗抹繪畫」濾鏡。

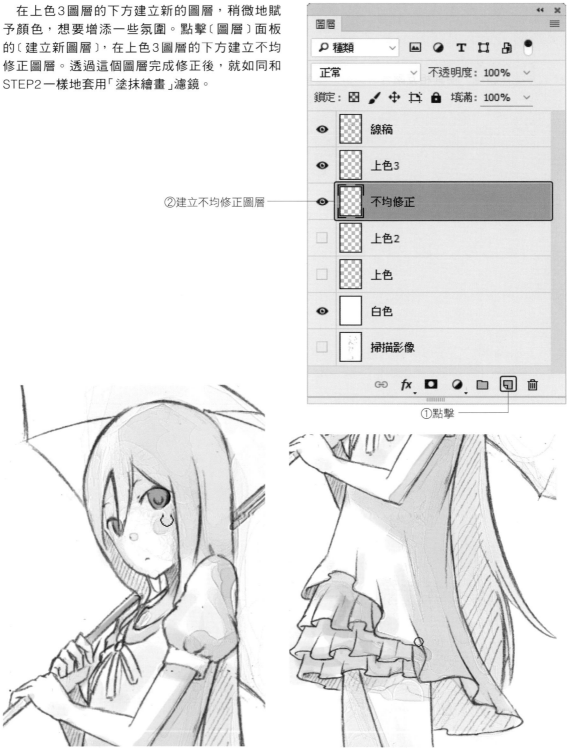

②建立不均修正圖層

①點擊

用較細的筆刷修正臉頰和臉部的周圍。

衣服的周圍就沿著線稿來添加顏色吧！

5 上色的潤飾

　　人物的上色完成後，進行整體的潤飾。沿著人物的輪廓，用較淡的顏色，就像是滲透那樣試著敷上顏色。外側也用同色系增添顏色，使其能夠感受到暖意。

在最後的修潤中稍微增減顏色來進行整理。整體漂亮地完成後，把筆刷設定為略粗，並在外側敷上顏色。為了避免從上方重疊顏色，進行快速地增添。

如此一來便完成了。藉由水彩的淡色調讓氛圍變得更好了。

質感的調整

掃描真實的紙張當作紋理，配置在背景上。試著展現出手繪感，做出宛如被繪製在紙張上的表現吧！

試著改變背景的質感吧！

1 表現紙張質感

接下來，活用手繪的線稿，希望添加手繪的紙張質感。掃描空白紙張，建立紙張圖層並配置在〔圖層〕面板的最上方，把載入的紙張圖層的模式設定為色彩增值。如此一來，就能夠增加手繪感。

設定為色彩增值

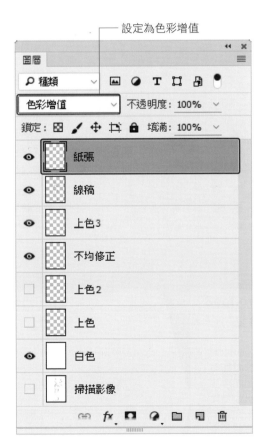

掃描乾淨、沒有髒污的紙張，再利用「色彩增值」模式加以重疊。背景呈現出同樣的手繪風之後，圖畫就變得像是素描簿中的圖畫一樣。

2 建立線稿調整用的圖層

　　最後，進行線稿的調合，想要進一步地展現出手繪的筆觸。在〔圖層〕面板中把線稿圖層拖曳到〔建立新圖層〕，建立名為「線稿2」的拷貝圖層。

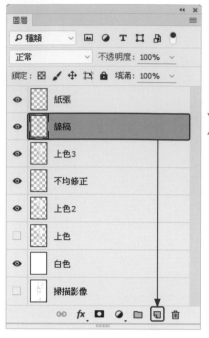

3 套用濾鏡

　　在選取拷貝的線稿2圖層的狀態下，選擇〔濾鏡〕選單－〔模糊〕－〔高斯模糊〕。對話框開啟後，一邊觀看預視一邊依照個人喜好來決定模糊程度吧！

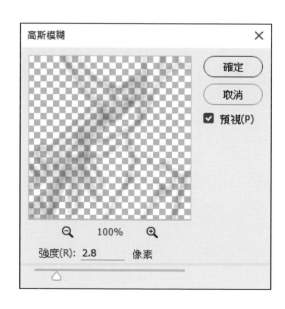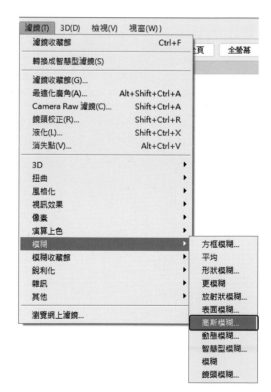

線稿上添加了手繪的氛圍。紋理似乎可以隨著所使用的紙張種類而做出各種不同的呈現。

成功畫出漂亮的水彩畫了嗎？

121

濾鏡收藏館

除了水彩風上色的濾鏡之外，Photoshop 還有很多不同的濾鏡。在此，把各個濾鏡的效果彙整成一覽表。

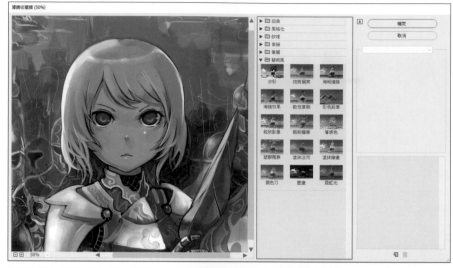

原始影像

藝術風

海報邊緣

挖剪圖案

塗抹沾污

海綿效果

乾性筆刷

霓虹光

調色刀

壁畫　　　　　　塑膠覆膜　　　　　彩色鉛筆　　　　　水彩

粗粉蠟筆　　　　著底色　　　　　　塗抹繪畫　　　　　粒狀影像

素描

濕紙效果　　　　　邊緣撕裂　　　　　畫筆效果

蠟筆紋理　　　　　鉻黃　　　　　　　拓印　　　　　　　印章效果

粉筆和炭筆　　　　網狀效果　　　　　便條紙張效果　　　網屏圖樣

石膏效果

立體浮雕

炭筆

紋理

裂縫紋理

彩繪玻璃

紋理化

拼貼

嵌磚效果

粒狀紋理

筆觸

油墨外框

強調邊緣

噴灑

變暗筆觸

角度筆觸

潑濺

墨繪

交叉底紋

風格化

邊緣亮光化

扭曲

玻璃效果

海浪效果

擴散光暈

快速鍵一覽

	Windows	Mac OS
使用在影像顯示的快速鍵		
拷貝	Ctrl + C	command + C
貼上	Ctrl + V	command + V
重覆前一個複製與移動	Ctrl + Shift + V	
使影像符合視窗	**雙擊手形工具**	**雙擊手形工具**
100% 顯示	Ctrl + 1	command + 1
切換成放大工具	Ctrl + Spacebar	command + Spacebar
切換成縮小工具	Alt + Spacebar	option + command + Spacebar
加大筆刷尺寸（筆刷工具）	]	]
縮小筆刷尺寸（筆刷工具）	[	[
增強筆刷的硬度（筆刷工具）	Shift +]	Shift +]
減少筆刷的硬度（筆刷工具）	Shift + [	Shift + [
返回前一操作	Ctrl + Z	command + Z
重做前一操作	Ctrl + Shift + Z	command + Shift + Z
解除所有選取	Ctrl + D	
上色時使用的快速鍵		
從檢色器選擇前景色	繪圖工具 + Shift + Alt + 右鍵	繪圖工具 + control + option + command
使用滴管工具，從影像中選擇前景色	繪圖工具 + Alt	繪圖工具 + option
選擇背景色	滴管工具 + Alt + 點擊	滴管工具 + option + 點擊
顯示填滿對話框	Shift + Back space	Shift + delete
混合模式的快速鍵		
依序顯示混合模式	Shift + +	Shift + +
正常	Shift + Alt + N	Shift + option + N
色彩增值	Shift + Alt + M	Shift + option + M

	Windows	Mac OS
圖層面板的快速鍵		
把圖層群組化	Ctrl + G	command + G
解除圖層的群組化	Ctrl + Shift + G	command + Shift + G
建立／解除剪裁遮色片	Ctrl + Alt + G	command + option + G
選取所有的圖層	Ctrl + Alt + A	command + option + A
合併可見的圖層	Ctrl + Shift + E	command + Shift + E
在選取的圖層下方建立新圖層	Ctrl + 點擊建立新圖層按鈕	command + 點擊建立新圖層按鈕
選取最上面的圖層	Alt + .	option + .
選取最下面的圖層	Alt + ,	option + ,
增加圖層面板的圖層選取範圍	Shift + Alt + [or]	Shift + option + [or]
選取上／下一個圖層	Alt + [or]	option + [or]
把選取的圖層往上／下移動	Ctrl + [or]	command + [or]
把所有顯示圖層的拷貝，拷貝至選取中的圖層	Ctrl + Shift + Alt + E	command + Shift + option + A
合併圖層	選取合併圖層 + Ctrl + G	選取合併圖層 + command + G
把圖層移動至最下面／最上面	Ctrl + Shift + [or]	command + Shift + [or]
把現在的圖層拷貝至下面的圖層	Alt + 面板選單的「向下合併」	option + 面板選單的「向下合併」
把所有的可見圖層合併於當前選取圖層上方的新圖層	Alt + 面板選單的「合併可見」	option + 面板選單的「合併可見」
切換當前圖層／圖層群組和其他的所有圖層／圖層群組的顯示	右擊眼睛圖示	Ctrl + 點擊眼睛圖示
顯示或隱藏當前所有的可見圖層	Alt + 點擊眼睛圖示	option + 點擊眼睛圖示
建立剪裁遮色片	Alt + 點擊 2 個圖層的分割線	option + 點擊 2 個圖層的分割線

作　　者：riresu
譯　　者：羅淑慧
企劃主編：宋欣政

發 行 人：詹亢戎
董 事 長：蔡金崑
顧　　問：鍾英明
總 經 理：古成泉

出　　版：博碩文化股份有限公司
地　　址：新北市汐止區新台五路一段 112 號 10 樓 A 棟
　　　　　電話 (02) 2696-2869　傳真 (02) 2696-2867

郵撥帳號：17484299　戶名：博碩文化股份有限公司
博碩網站：http://www.drmaster.com.tw
讀者服務信箱：DrService@drmaster.com.tw
讀者服務專線：(02) 2696-2869 分機 216、238
（周一至周五 09:30 ～ 12:00；13:30 ～ 17:00）

版　　次：2016 年 8 月初版一刷

建 議 零 售 價：新台幣 420 元
I S B N：978-986-434-139-9（平裝）
法 律 顧 問：永衡法律事務所　陳曉鳴

國家圖書館出版品預行編目資料

絕讚人物插畫繪製：動畫風、厚塗、水彩風等主要上
色技法大公開 / riresu著；羅淑慧譯. -- 初版. -- 新北市：
博碩文化, 2016.08

面；　公分

ISBN　978-986-434-139-9 (平裝)

1.數位影像處理

312.837　　　　　　　　　　　　　105014170

Printed in Taiwan

博碩粉絲團　　歡迎團體訂購，另有優惠，請洽服務專線
　　　　　　　(02) 2696-2869 分機 216、238